私享样板生活

To Enjoy Your Show Flat

英美风格

British and American Style

精品文化 编

華中科技大學出版社
http://www.hustp.com

图书在版编目(CIP)数据

私享样板生活.英美风格/精品文化编. —武汉：华中科技大学出版社，2013.5
ISBN 978-7-5609-8739-2
Ⅰ. ①私… Ⅱ. ①精… Ⅲ. ①住宅—室内装饰设计—图集 Ⅳ. ①TU241-64

中国版本图书馆CIP数据核字(2013)第040826号

私享样板生活 英美风格 精品文化 编

出版发行：华中科技大学出版社（中国·武汉）
地　　址：武汉市武昌珞喻路1037号（邮编：430074）
出 版 人：阮海洪

责任编辑：王孟欣 责任监印：秦　英
责任校对：曾　晟 装帧设计：李红靖

印　　刷：北京佳信达欣艺术印刷有限公司
开　　本：889 mm×1194 mm　1/32
印　　张：6
字　　数：96千字
版　　次：2013年5月第1版第1次印刷
定　　价：39.80元（USD 8.99）

投稿热线：(010)64155588-8000 hzjztg@163.com
本书若有印装质量问题，请向出版社营销中心调换
全国免费服务热线：400-6679-118 竭诚为您服务

英美风格

英国是一个崇尚乡村生活的国家，那里汇集了英式风格建筑的精华。英国民居是其中的典型代表，砖木结构的建筑散发着历史的厚重和自然的质朴。简单的外形、三角形的屋顶、精细的斜网窗格、精致的大烟囱、简单的装饰是英式风格建筑的主要特点，让建筑充分体现出自然、质朴的乡村气息。

美式风格起源于 17 世纪，先后经历了殖民地时期、美联邦时期、美式帝国时期，融合了巴洛克、帕拉迪奥、英国新古典等装饰风格，形成了对称、精巧、幽雅、华美的特点。美式风格多采用金鹰、交叉的双剑、星星、麦穗等装饰元素，在锡铅合金烛台、几何图案地毯、雕花边柜的装饰中呈现出独特的韵味。

因为美国是一个崇尚自由的国家，这造就了人们自在、随意、不羁的生活方式，没有太多造作的修饰与约束，不经意中也成就了另外一种休闲式的浪漫。美国的文化以移殖民文化为主导，它有着欧罗巴的奢侈与贵气，又有着美洲大陆的不羁，这样结合的结果是消除了许多羁绊，从而导致了新的怀旧、贵气、大气而又随意的风格的产生。美式家居风格的元素迎合了时下的文化资产者的生活方式，既有文化、有贵气，还不能缺乏自在感与情调。

生活中有很多被形容成“范本”“榜样”的事物，人们以“样板”一词来标榜它们，为此顶级设计师也是设计界的样板，本书精选的 45 个项目都是样板设计师近一年的最新设计作品，诸多的设计创意充分彰显英美风格的特点。样板生活，生活中的样板，你也可以拥有！

项目面积 /530 平方米　项目地点 / 福建厦门　主要材料 / 木饰面、壁纸、石材、砖

保利海上五月花英式别墅

本案以英式风格作为设计主调，为业主营造了一份不同于田园风格的别致风情，让人在感受异域情调的同时放松自己，沉浸在空间带给人的愉悦之中。

从进入室内的那一刻起，人们便会被浓厚的异域风情所吸引。不同于田园风情的浪漫，本案带给人一种怀旧、优雅的感觉。格子花纹的布艺、立体感十足的墙面装饰、别致的吊灯、色彩艳丽的地毯、各色花纹的壁纸……带给人古堡式的生活体验，让人充分感受到贵族式的生活。这样的一个空间，很容易让人忽略空间本身的含义，而是进入设计师为空间营造的氛围中。建筑外观与室内的设计很好地协调在一起，室内的氛围与庭院的环境也相互渗透、融合，而人也不知不觉地沉溺在空间之中。

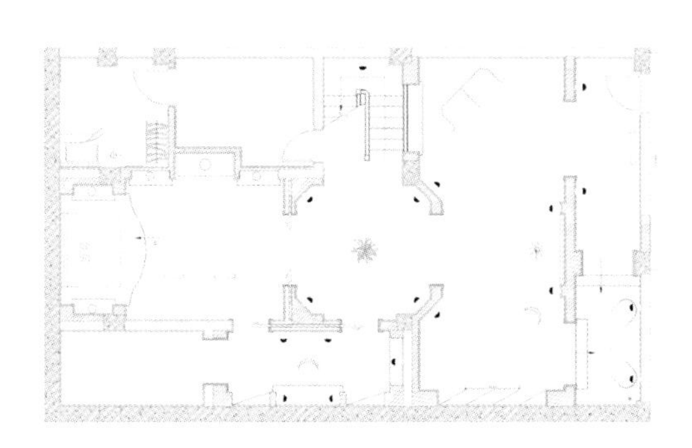

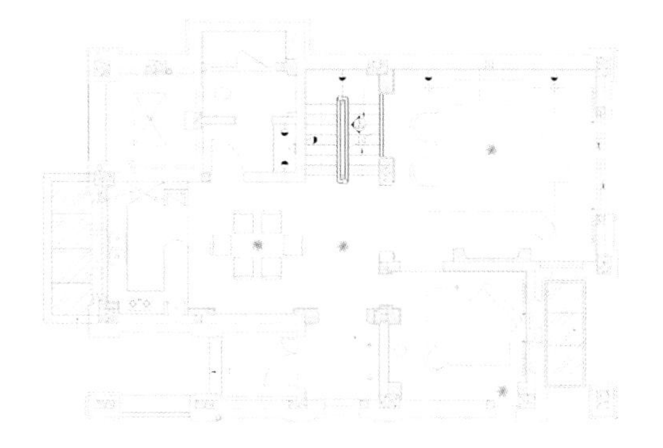

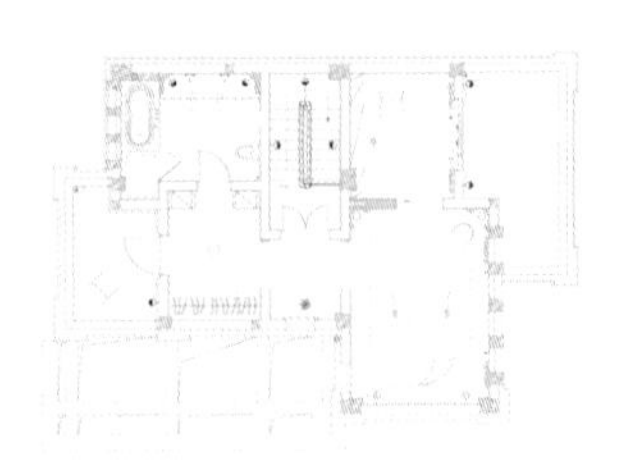

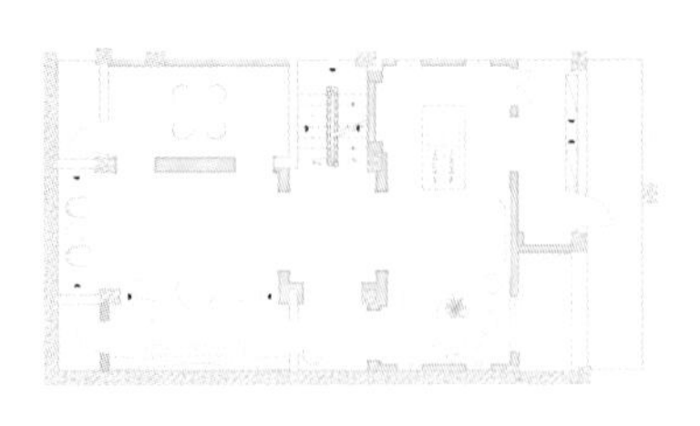

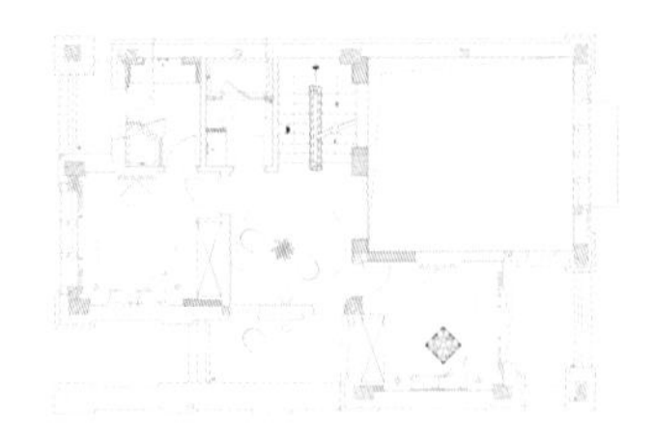

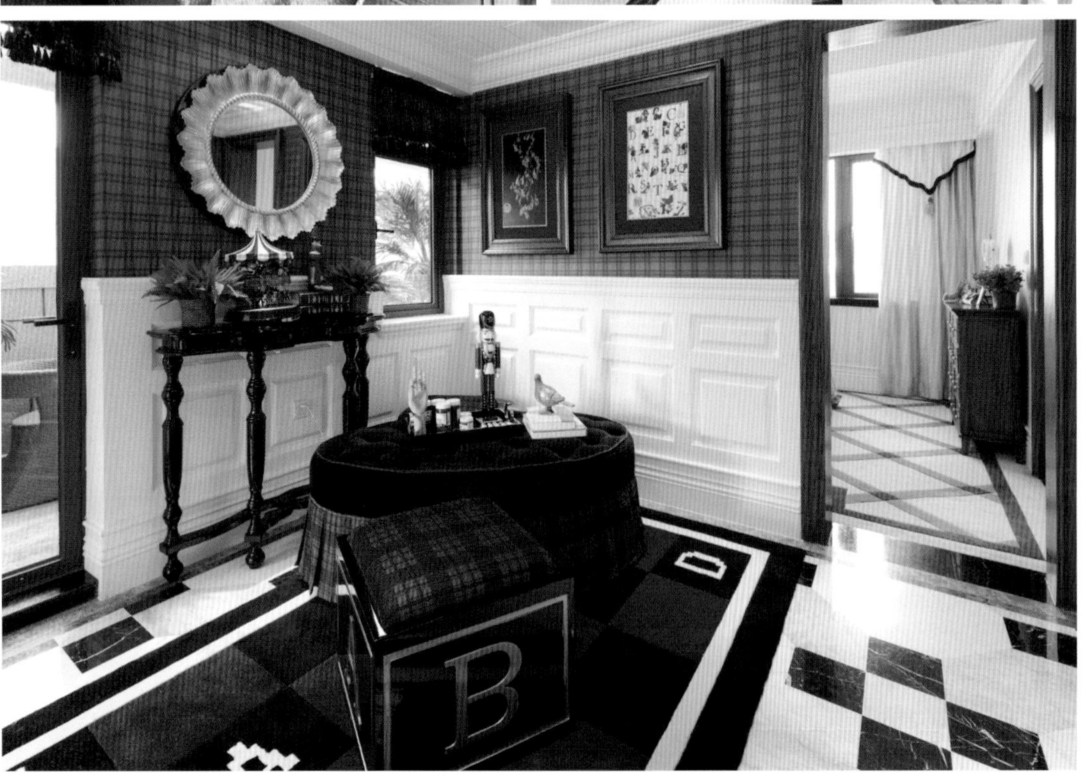

HOLLYWOOD
HOLLYWOOD

项目面积 /200.97 平方米　项目地点 / 上海

远中风华八号楼

远中风华地理位置十分优越，地处静安区核心区域，距离南京西路商务区仅两个街区。闹中取静，地段稀缺，规划全备，它是傲视群雄的豪宅典范。

设计师在本案中采用维多利亚风格的设计，不仅因为其装饰元素在艺术领域中影响深远，更因为此风格对美学与品位的提升，恰恰切合了地产商所创造的新价值。本案用色大胆绚丽、对比强烈，中性色与褐色、金色的结合突出了空间的豪华和大气；它造型细腻，空间分割精巧，层次丰富，装饰美与自然美完美结合，是唯美主义的真实体现。同时，设计师巧妙构思，以经典皇家陶瓷的艺术美感为设计基调，将维多利亚风格的生活美学充分体现出来，更展现出了绝世豪宅的精致典雅。

项目面积 /645 平方米　项目地点 / 广东深圳　主要材料 / 实木、仿古砖、乳胶漆、地毯、大理石、瓷砖

深圳东部华侨城天麓别墅

本案是私家住宅项目，是业主意愿的一种表达。室内设计定位为美式休闲风格，采用传统的营造手法，从室内到园林的设计都表现出休闲、自然的情调。

本案平面布局做了多次调整，最终把钢琴区及茶室放在了阳光及景观最好的首层，首层的户外平台改为客厅、车库改为客房。地下一层是娱乐、聚会的多功能场所，有桌球、影音、吧台等设施，具备了聚会、大型餐会、藏酒、SPA、干蒸等功能，另外还包括客房、工人房及洗衣房。二层是主卧及儿童房。

陈设的设计充分体现了历史韵味及异域风格，美式古典家具、原木家具、东南亚木雕、仿古的美式铜灯、突尼斯的艺术品、伊朗的手工地毯，以及一些具有东方韵味的小型家具的混搭，使室内呈现出一种多元化的艺术品位。

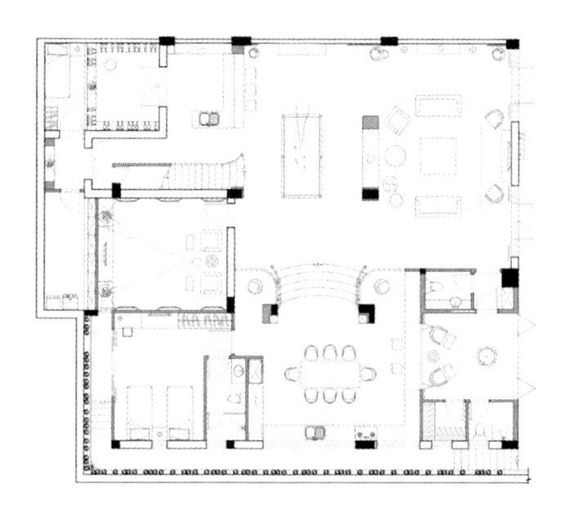

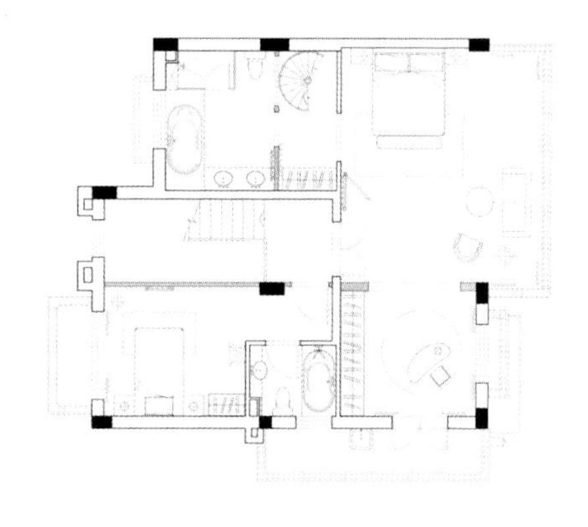

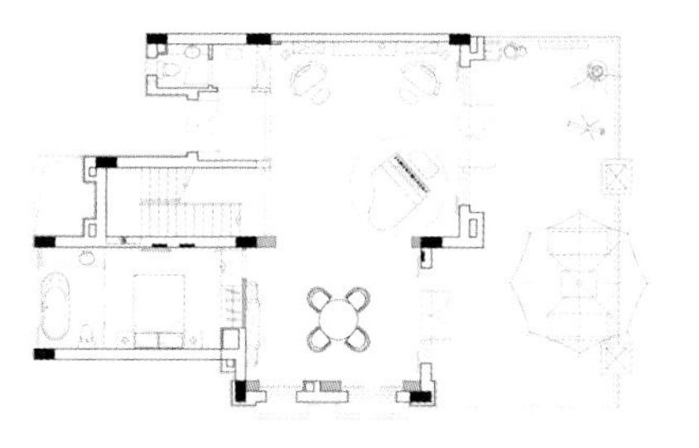

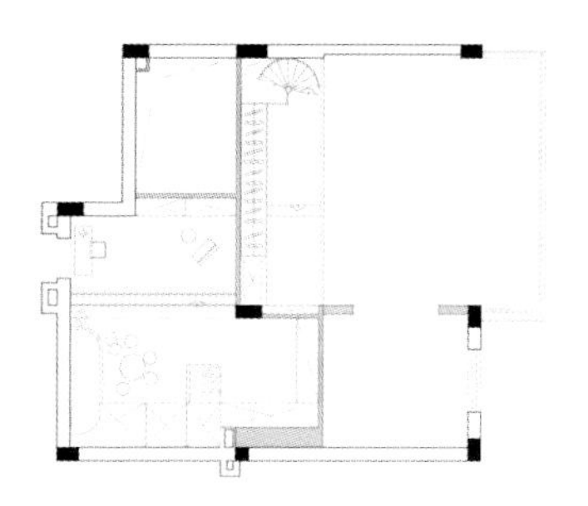

项目面积 /420 平方米　主要材料 / 乳胶漆、陶瓷锦砖、石膏板、实木地板、仿古砖、银镜、软包、瓷砖、壁纸

麓谷林语 S-6 别墅

本案名为“西雅图的天空”，室内空间充满了温馨的情调。蓝色是天空的颜色，也是海洋的颜色，是一种和谐的颜色，是最能体现一家三代人和睦共处的颜色。设计师用灰蓝色的主调贯穿整个 4 层别墅，并在设计中引入充满活力和舒适感的新元素。

进入室内，仿佛在西雅图的蔚蓝天空下漫步。以现代简约的美式风格为主调的设计带给人生理和心理上的双重享受。优雅中带着散漫的气息，典雅中流露出时尚的品位，这样的融合与统一让人觉得舒心、自在。在色彩方面还使用了大量的米灰色，其结合大理石、瓷砖、饰面板等材质，展现出华丽、大气的豪宅气势，也充分表现出业主的品位和对美好生活的追求。

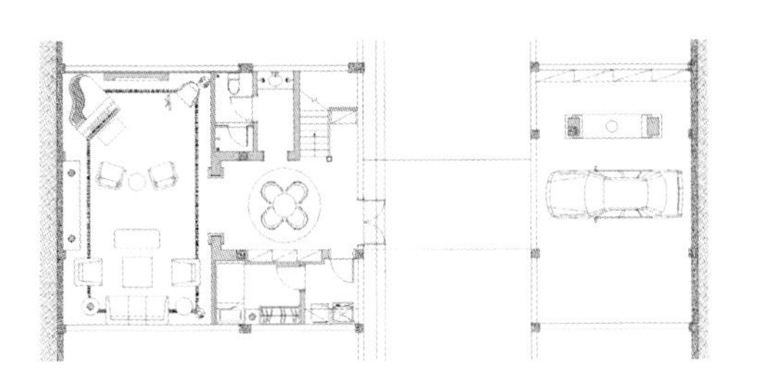

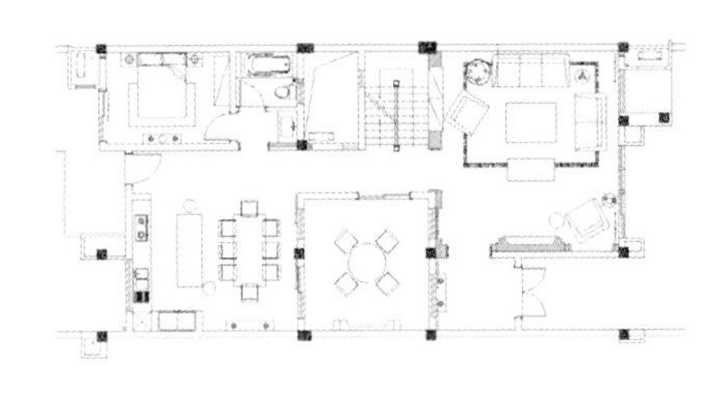

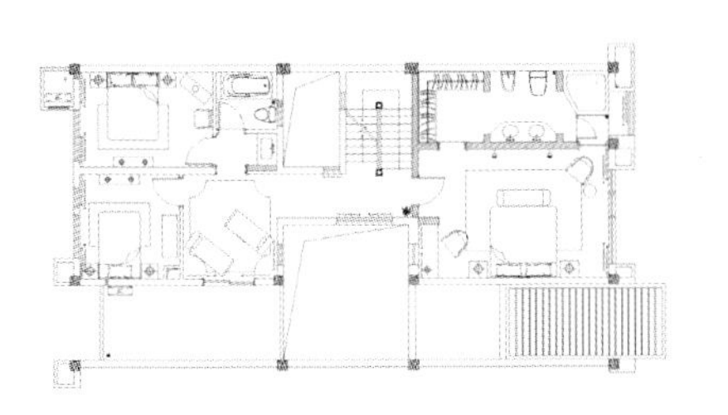

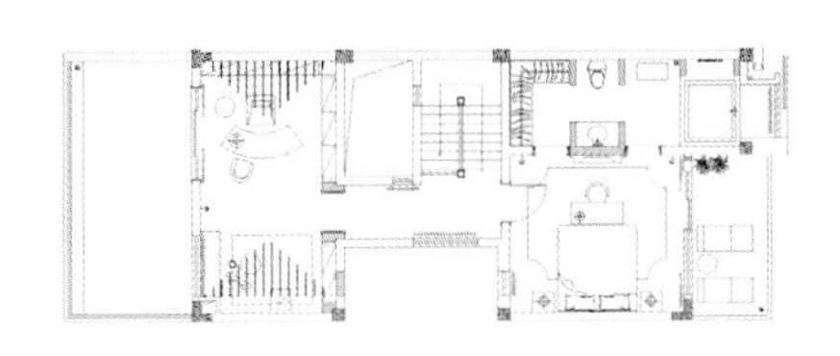

hope

ROMA
PARIS
ROMA
PARIS

项目面积 /450 平方米　项目地点 / 广东广州　主要材料 / 大理石、镜面、木饰面、玻化砖、石膏板、壁纸、防滑砖

保利金沙洲 80 别墅

本案设计围绕“将艺术融入生活”的核心理念，让艺术细节扮演连贯东、西方文化的视觉符号，装置于全案的各个角落，并透过多层次的灯光，构筑和谐的空间氛围。当人们行走其中，随着场景的变更，依循色彩、线条、视觉符号等种种线索，就能感受到业主独有的生活品位。

纽约大都会风格是继现代风格与古典风格之后的流行风格，简洁利落的线条彰显出工业设计的前卫感，代表了一种摩登的生活方式。这种生活方式在追求简洁的同时保持着华丽，是时尚流行的经典。居室流露出一种低调的奢华，最适合追求精致生活及向往独特魅力的人，是那些走在时尚前沿的人士的理想住宅。

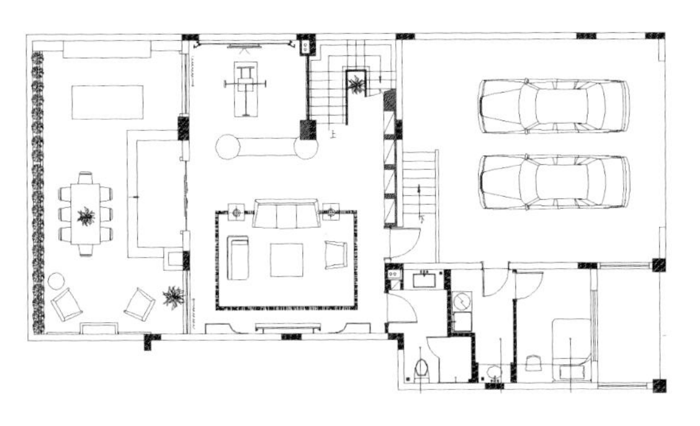

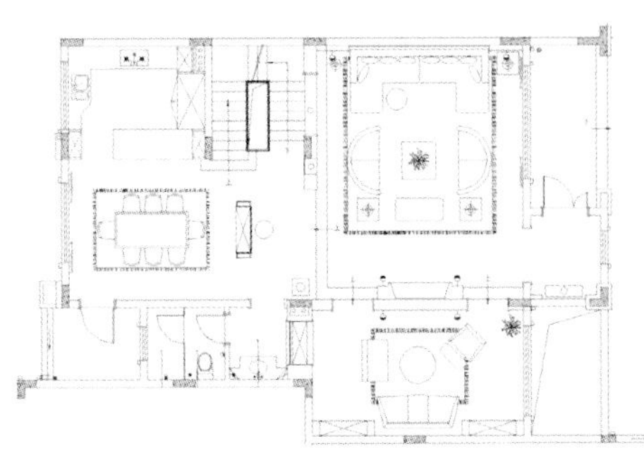

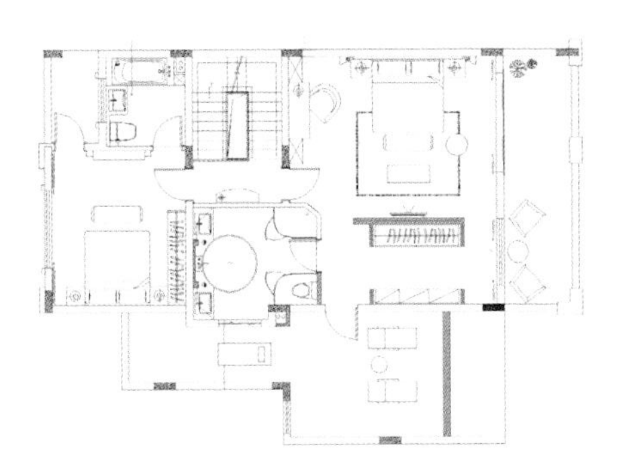

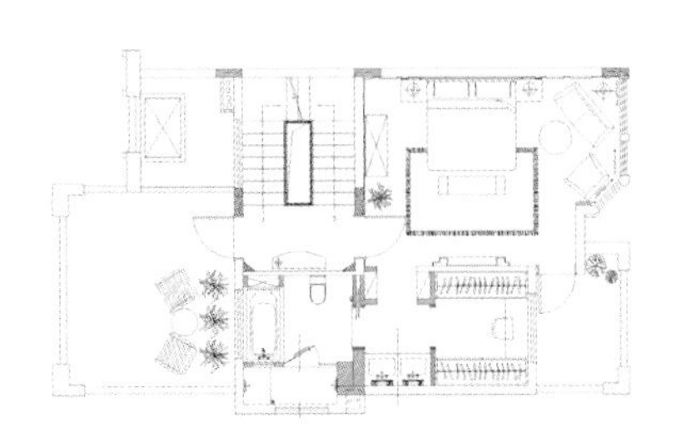

项目面积 /370 平方米　项目地点 / 山东济南　主要材料 / 乳胶漆、大理石、壁纸、陶瓷锦砖、清玻、橡木饰面板、木地板、皮革

济南中海 TH230 户型别墅

本案以“金醉荼蘼”为设计主题，极尽奢华之美，表达了一种超越时代的生活体验，不似古典宫廷的金碧辉煌，也不似现代奢华的简约时尚，它恢弘大气、清爽雅致、华丽优雅，让人惊叹，回味无穷。

设计师充分利用空间原有的层高优势和开阔明朗的格局，以简洁优雅的浮雕打造顶棚边线，而对顶棚板则采取留白处理，如此一来，大理石打造的地板和优雅华丽的家具造型便不会显得烦琐，空间的品位也得到提升。即便是金边雕饰、镜面反射，耀眼炫目之余，也无丝毫庸俗之感。金色的镶边和雕花让空间立面和顶棚更具层次感，也彰显出空间的大气和典雅。作为装饰的巨型油画以欧式宫廷聚会为题材，充分契合了空间的主题，打造出了一个艺术与人文结合的华丽空间。

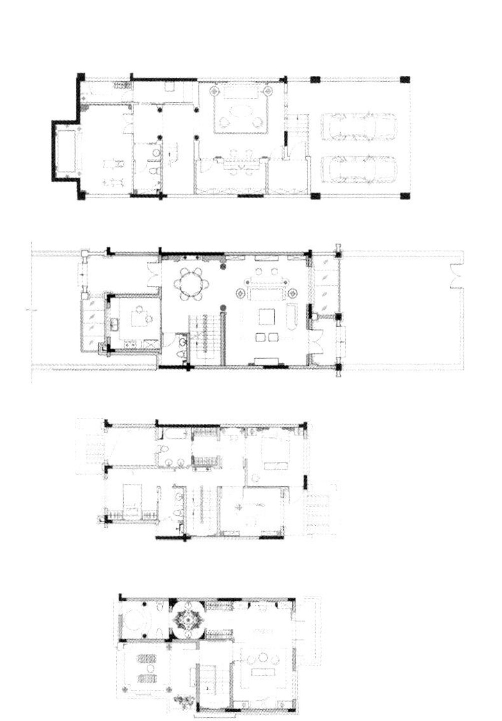

项目面积 /230 平方米　项目地点 / 江苏常州　主要材料 / 大理石、玻化砖、壁纸、石膏板、实木地板、地毯

金地 · 天际 230 户型

金地 · 天际为常州引进了“平层别墅”的概念，本案作为其中的一个户型，拥有开阔的空间和 3.5 米的层高优势，以及绝无仅有的显赫气势。在本案的设计中，设计师以女性的优雅气质为设计的灵感，以延续传统“新古典”风格的装修方式来打造空间，在突显空间气质的同时也展现出业主的品位、格调和生活态度。

空间的公共区域使用大面积的大理石来打造，呈现出华丽、优雅的气质，卧室则以深色木地板搭配素雅的壁纸来营造优雅、温馨的氛围。室内的整体色调以米色、咖啡色、驼色、金色为主，结合铜材、镜面、绸缎、丝绒、刺绣等不同质感的家饰点缀，体现了房间典雅、尊贵的气质。

项目面积 /600 平方米　项目地点 / 广东东莞　主要材料 / 艺术壁纸、作旧漆、仿古砖、瓷砖、实木、青石砖、乳胶漆

香樟墅 86 栋别墅样板房

为满足海归人士对异国生活的眷恋之情，本套别墅特别以美国南加州风情作为主调，通过室内设计和软装配饰，营造自然洒脱、质朴典雅、阳光温馨的氛围。

考虑到海归人士较为简单的家庭成员关系，别墅的布局灵活，功能齐全，旨在为业主营造一个情趣盎然的理想、温馨的家。

在立面设计上，突出整体的层次感和空间感，通过空间层次的转变，打破了传统立面的单调和呆板，造型优美，再现了源于西班牙传统建筑风格的南加州风情的精髓。在细节上，典雅的拱券、抹灰墙身、原始木料配以质朴、温暖的色调，于粗犷自然中透露出异域的神秘感。触手可及的精致铁艺制品，能够在瞬间勾起主人对异国生活的美好回忆。盆栽、木椅、餐桌、石墙……让家成为吸纳大自然气息的和谐空间，散发出浓郁的休闲气息。

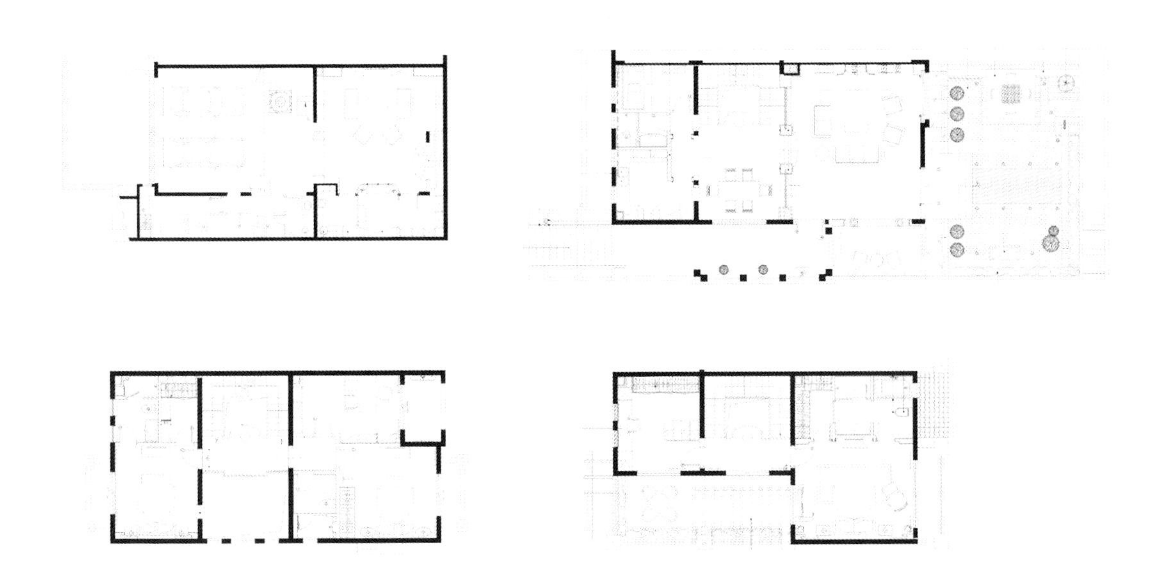

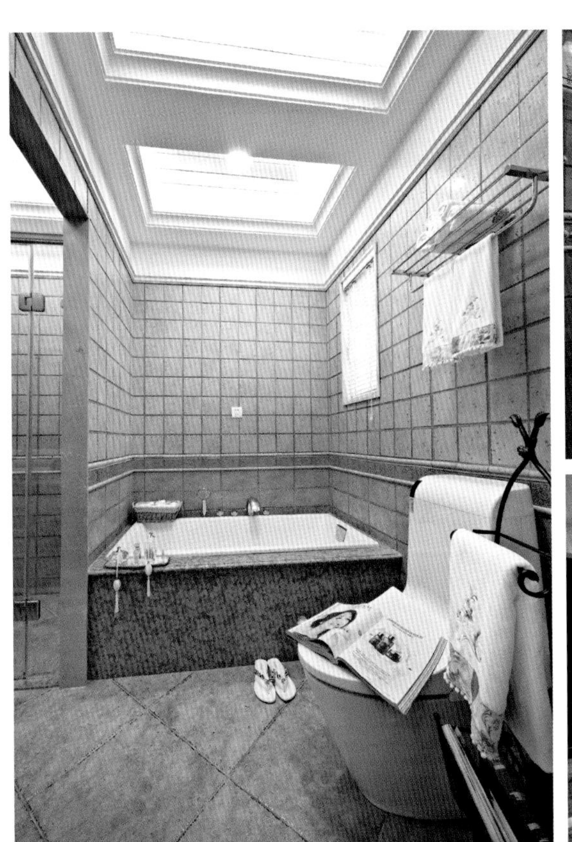

项目面积 /400 平方米　项目地点 / 安徽淮南　主要材料 / 碎花壁纸、乳胶漆、石膏板、仿古砖、瓷砖、大理石

淮南领袖山南样板房 AB 户型

本案属于联排别墅。设计着力于营造舒适、温馨的美式家居环境，去除繁复的纹样线条及奢华的配饰，在棉麻布艺与端庄、沉稳的橡木中，寻求一种舒适、精致又高雅的生活。

大气、舒适的客厅和挑高的餐厅连接起来作为会客区域，米色系窗帘和红色吊灯等为舒适、温馨的氛围增添了几分奢华的意味，再配以舒适的大尺度的美式家具及手工制成的饰品，更加彰显品位。

主卧室作为主人的私密空间，更强调空间的层次与布局，主要以功能性和实用、舒适为主，软装搭配用色统一，以温馨、柔软的布艺来装点。此外，专为女主人设计的阁楼空间内设有 SPA、美容、YOGA 区域，这给女主人带来放松心灵的无尽体验。

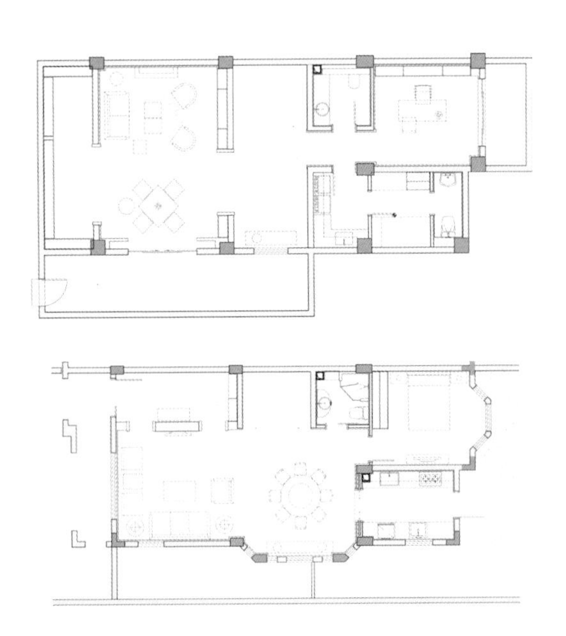

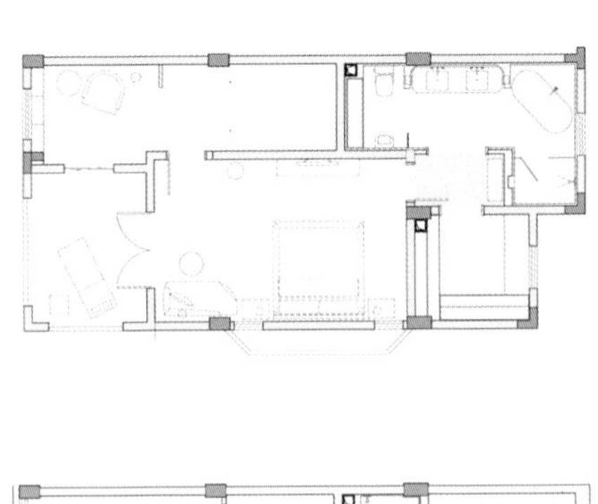

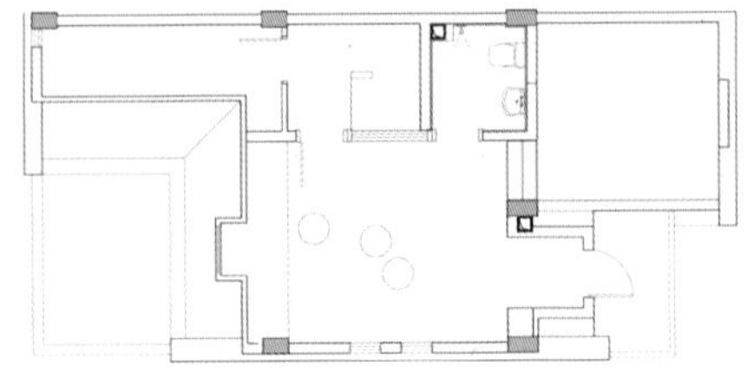

项目面积 /700 平方米　项目地点 / 安徽淮南　主要材料 / 木饰面、壁纸、布艺、大理石、文化石、石膏板、瓷砖

淮南领袖山南样板房 E 户型

本案试图用现代的设计手法阐释古典英伦风格。在原有传统英式住宅的空间格局下，以蓝色、灰色、绿色等富有艺术感的配色处理赋予室内动态的韵律和美感，再配合材质及线条的运用，让空间显得繁复又高雅。地面层主体空间采用轴线式对称布局，十分端庄；渐进式的玄关表现将会客空间与大气、挑高的客厅明确区分，更显业主的尊贵；可容纳 12 人用餐的西餐桌，以及结合建筑六角窗放置的下午茶桌和带早餐台的大厨房，尽显豪宅的雍容华贵。

二、三层以卧室为主。二层是大套房和小客房；三层为主人房，以舒适、奢华的空间提升主人的生活品质。阁楼空间为已成年的女儿的房间，淡雅的色彩与楼下沉稳的风格稍有不同，年轻、叛逆的气息在空间中回荡，独立化妆台印证了一个女孩的蜕变，卧榻式的书桌藏匿着她千万个美妙的梦想。

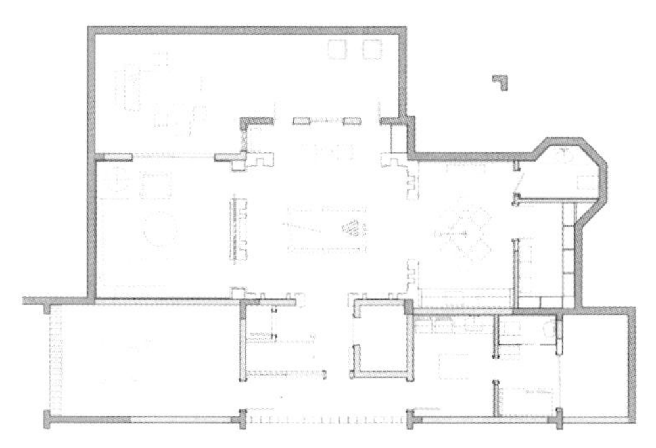

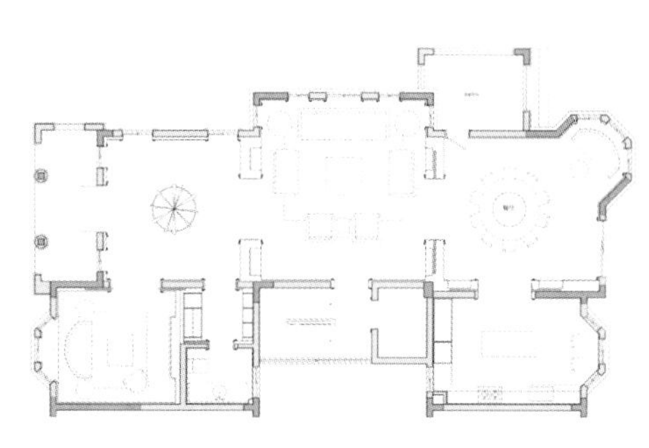

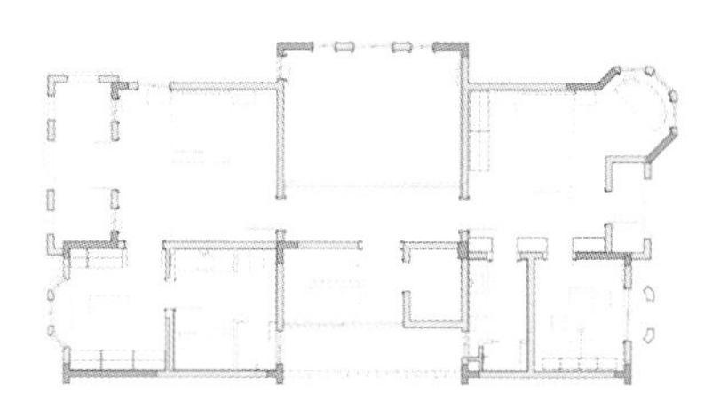

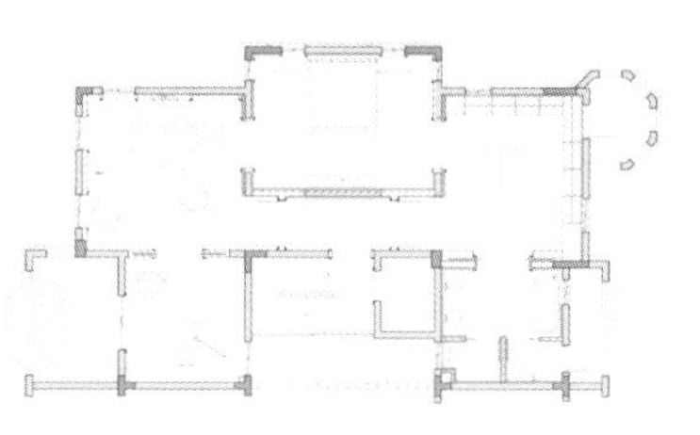

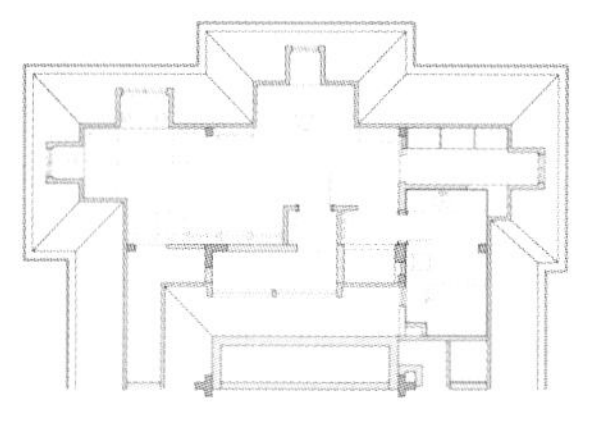

项目面积 /360 平方米　项目地点 / 四川成都　主要材料 / 石材、壁纸、仿古砖、饰面板、陶瓷锦砖、木地板

成都棠湖泊林城美式别墅

本案位于成都双流县三江村，场地内地势较为平坦，与市区交通联系便捷，环境优雅，为高端住宅区。本案为独栋别墅，客户定位为 40 岁左右、事业有成、具有较强经济实力的人士。

设计定位为美式乡村风格，在古典中带有一点随意，摒弃烦琐与奢华的装饰，兼具古典主义的优美造型与新古典主义的功能配备，既简洁明快，又温暖舒适。美式家具简单的线条、硕大的体积、自然的材质、较为含蓄保守的色彩及造型，为空间奠定了古典、质朴的基调。纯纸浆质地的壁纸和本色棉麻布艺为空间增添了几分柔和、自然的感觉，再加上各种花卉植物、充满异域风情的饰品、摇椅、小碎花布、铁艺制品等物品的装饰，将自然、怀旧、稳重的印象烙刻在人们的记忆深处。

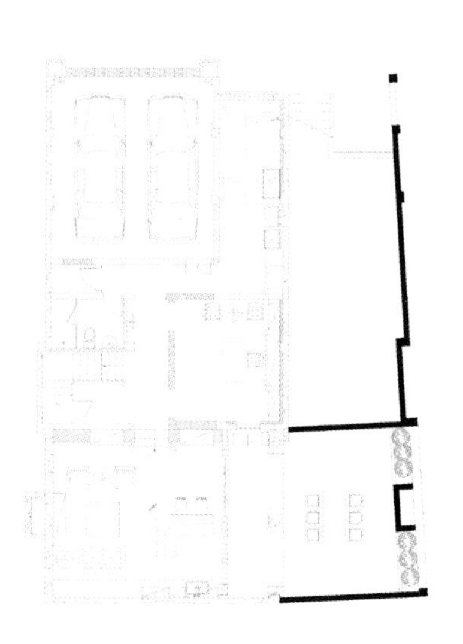

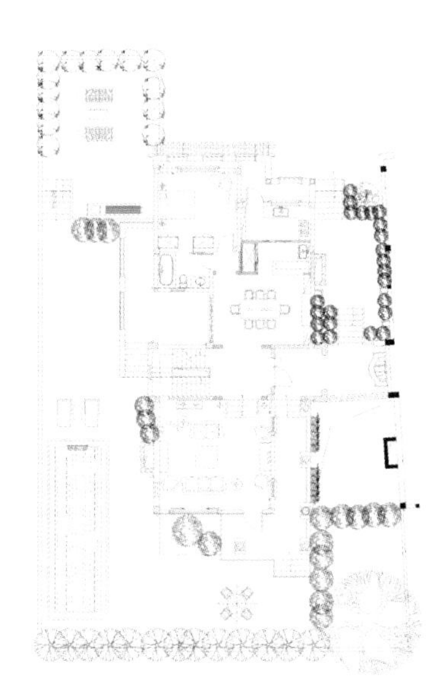

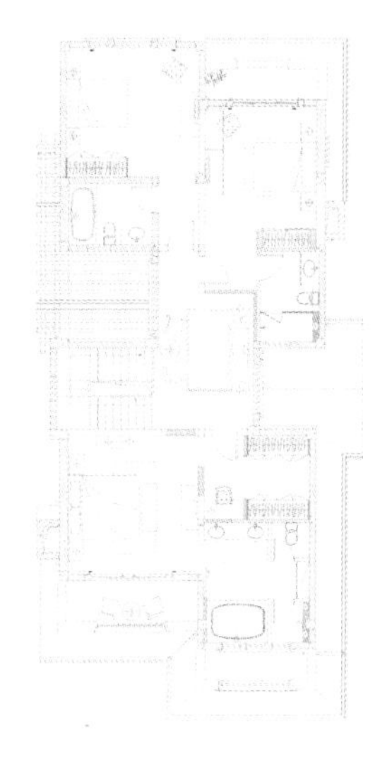

项目面积 /130 平方米　项目地点 / 广东东莞　主要材料 / 白沙米黄大理石、白橡木、仿古镜、软包

富通天邑湾二期样板房 3 栋 A 户型

室内空间的布置唯美而浪漫。设计师用白色和浅米色搭配，营造出纯净、高贵的美感，并通过传统壁炉、时尚家具的点缀和柔美灯光的晕染，以及水晶材质等细节的雕琢，使整个空间演绎出精致、高雅的气质。在色彩的选择上，设计师以白色和米色作为主色调，加上欧式建筑独有的线条感和镶边雕刻，让空间呈现出端庄、大气、优雅、华贵的气氛。整个空间的设计既有对历史的延续，又不拘泥于传统的思维逻辑，浅淡明快的色调和清晰的质感、肌理，营造出了一种与众不同的英式时尚，同时也对古典主义风格做了新的演绎。

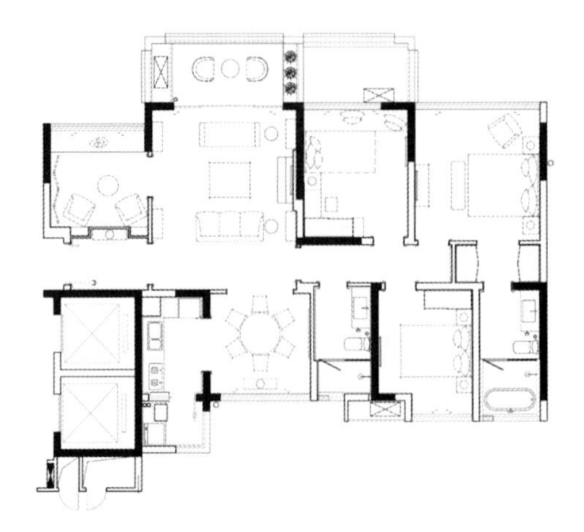

项目面积 /440 平方米　项目地点 / 北京　主要材料 / 瓷砖、木地板

龙湖滟澜山

本案整体风格沉稳大方、典雅精致，在开阔大气中不乏精致细腻，在美式古典情怀中蕴含着现代、时尚的气息。这是一个豪宅，展现的是大家之气，也以此充分展示出业主的品位与追求。

设计师大胆地将不同风格的元素组合在一起，运用纯熟的手法将它融合成一个整体，让各个元素各显其能，却又不显突兀。欧式繁复、典雅的边角雕花与深色木质在家具和顶棚上的充分运用，将怀旧的情绪抒发得淋漓尽致。典雅精致的灯饰，零星点缀的绿色盆栽，精致的金属把手和富贵华丽的窗帘、布艺织品贯穿空间的每个角落，这些装饰品将清新、浪漫融入华贵典雅的基调中，让空间氛围更显生活化，带给人自在、舒适的享受。

项目面积 /186 平方米　项目地点 / 北京　主要材料 / 红樱桃木、白色混油木饰面、壁纸、陶瓷锦砖、仿古砖

融创长滩壹号

这是一个地下 1 层、地上 3 层的联排别墅案例，设计师以美式田园风格来表现室内空间。带着田园气息与自由气息的元素充分散发着各自的魅力，让整个空间充满优雅、大气的感觉。

不管是地下的休闲空间，还是地上的公共空间，亦或是卧室的设计，设计师都以开阔、大气的空间格局来展现空间本身的魅力。此外，再以实木家具、铺地仿古砖和纯色壁纸，以及各种不同色彩和花纹的棉麻布艺和灯饰穿插其中，令空间由内而外显露出古典、优雅的气质。加之家具的材料和造型都以稳重、典雅为主，在简洁、利落的线条勾勒下，空间被衬托的愈发充满浪漫韵味。

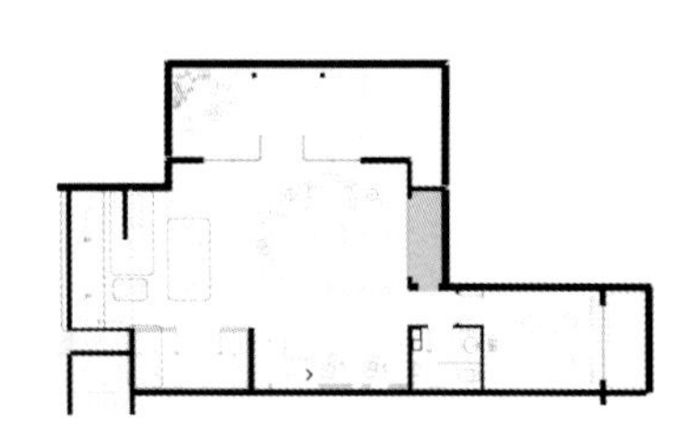
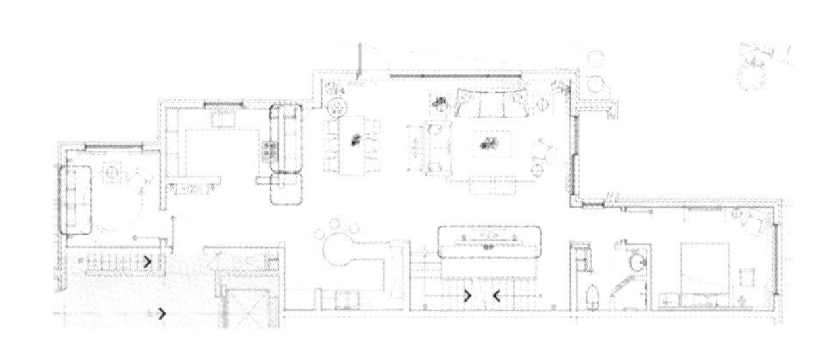
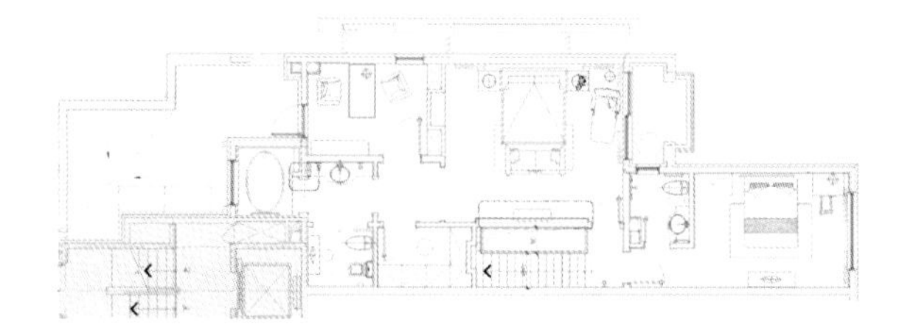

项目面积 /230 平房米　项目地点 / 辽宁沈阳　主要材料 / 天然大理石、木饰面、拼花米色地板、艺术陶瓷锦砖、手绘壁纸

万科惠斯勒小镇 C1 户型

本案设计摒弃了烦琐与奢华，并将不同风格中的优秀元素汇聚、融合。本案在设计手法上，以舒适性和功能性为导向，强调了“回归自然”的理念，又恰到好处地将雍容华贵之气渗透到每个角落，使整体空间变得通透、流畅，突出了别墅本身的自然优势，又适当彰显了业主的个人品位。

经过精心布置，客厅新颖别致的壁炉与墙面两侧的凹龛有机结合，顶棚仿旧木梁与仿古吊灯相得益彰，给人以庄重之感；整个地面运用了天然石材拼贴的方式，与墙面仿旧肌理质感的壁纸形成呼应，再加上仿古的沙发、欧式的茶几、台灯，共同营造了温馨祥和的氛围。

作为一个单独的空间，餐厅地面的简洁拼花与整个空间的主题相呼应，使人在每个空间都能感受到设计的魅力！

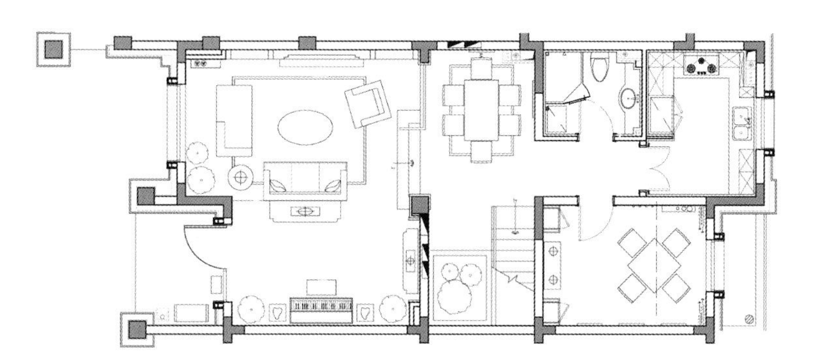
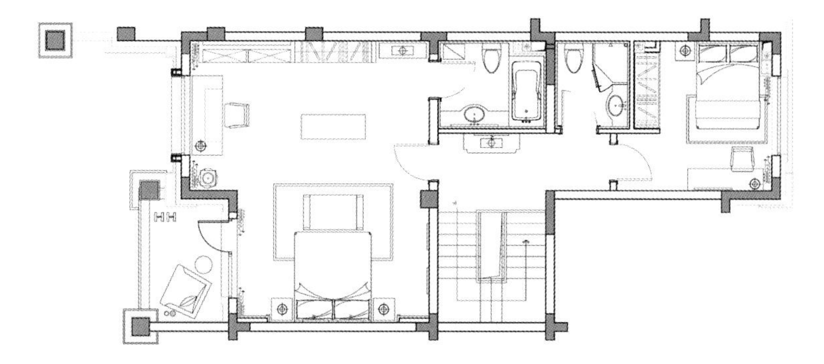

项目面积 /530 平米方　项目地点 / 台湾　主要材料 / 烤漆、银狐大理石、相思木、海岛型地板、清玻璃、人造石、松木、锻造栏杆

美式古典大宅

设计师强调空间的连贯性和完整性，在古典中融合美式的简洁与唯美，让优雅气质流转于整个别墅之中。地下 1 层至地上 4 层的空间设计皆围绕着美式古典的主调。地下室依据功能性划分为车库、玄关、换鞋区与视听室。视听室柔和的色调营造出轻松、休闲的氛围，并配备完整的视听影音功能，打造出一个可以让人尽情欢笑、互动的娱乐空间。

首层主要为公共生活区。优雅、大方的白色客厅透过门拱映入眼帘，古典风格的对称罗马柱修饰了建筑不合理的构架。电视墙以完整无切割的银狐大理石、细腻的法式边框制作而成，让古典气韵至臻至美。餐厅用长桌与银灰色的绒面餐椅营造氛围，彰显出古典空间的艺术品位。

二层仅规划出一间大主卧与书房，承袭了整体美式古典的风格，另外还增添了一些轻柔、素雅的色泽，增强了大宅的舒适度。

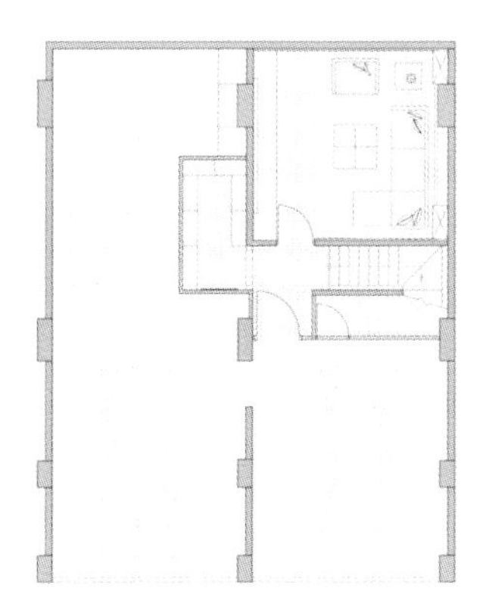

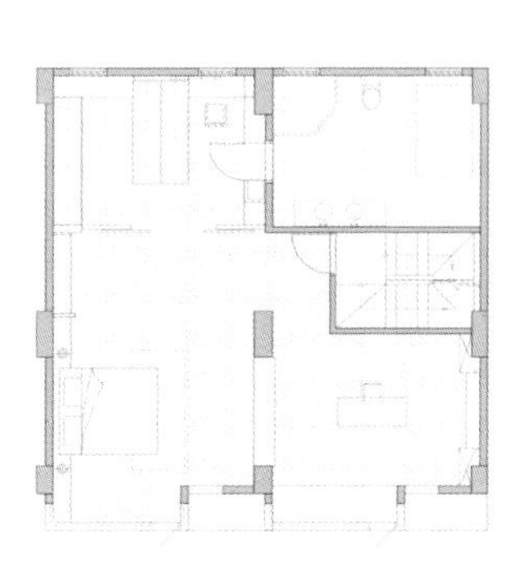
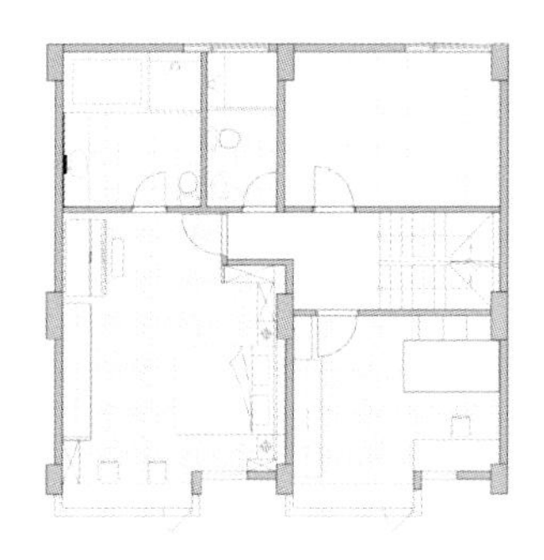
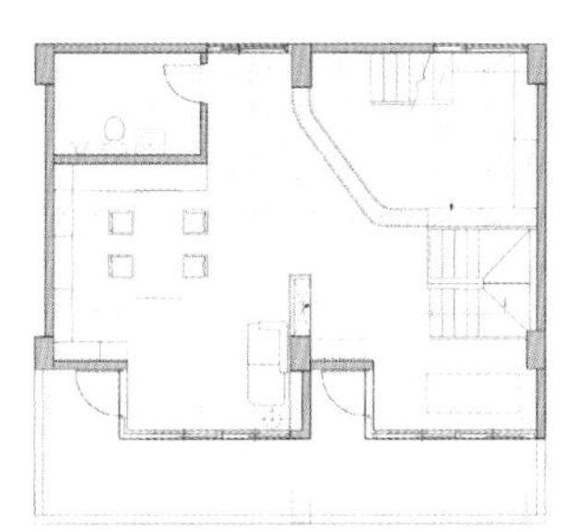
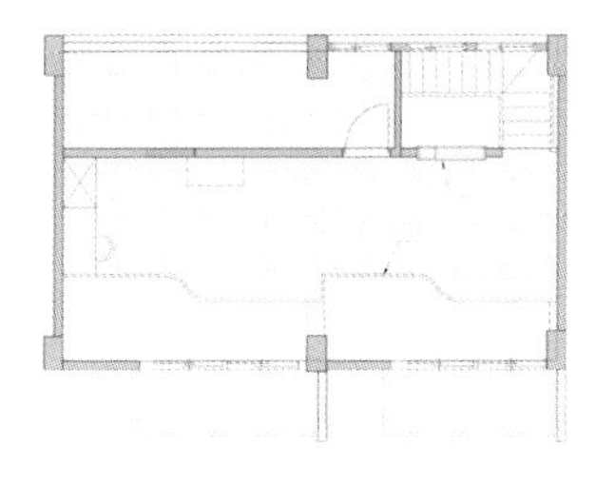

Tadao Ando

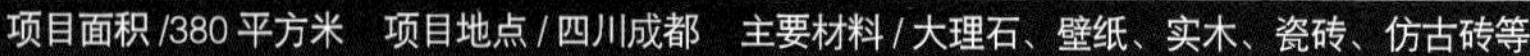
项目面积 /380 平方米　项目地点 / 四川成都　主要材料 / 大理石、壁纸、实木、瓷砖、仿古砖等

成都龙湖·世纪峰景

龙湖·世纪峰景位于成都未来新城市中心——国际城南天府新城。本案拥有独享天鹅湖与锦江的优美景致的优势，是江景豪宅的代表。

建筑采用迈阿密等国际滨海建筑风格，通过玻璃、金属等材质，以及飘逸和流线性的外立面，营造出颠覆性的视觉效果。内部设计以现代工艺与手法来展现贵族生活的场景，为业主打造出一个既有历史文化内涵，又有华丽外观和恢弘气势的居家豪宅。在色彩搭配方面，整体色调偏暖色系，米色、金色、香槟色等诸多柔和而瑰丽的色彩为空间奠定了优雅、华丽的基调。另外，在家具的配置上，黑色、咖啡色、红色、紫色、原木色的家具陈设既平衡了空间色调，又为空间渲染出几分沉稳、大气，让豪宅的气质更为突出。

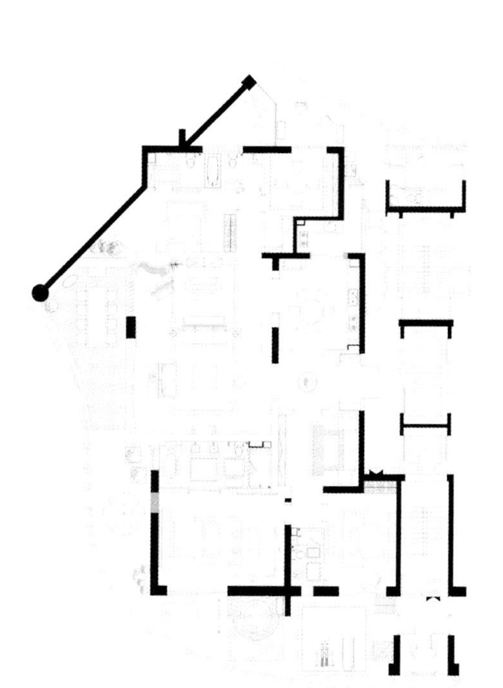

项目面积 /320 平方米　项目地点 / 北京　主要材料 / 天然石材、瓷砖、复合木地板、壁纸、窗帘

君山别墅

别墅除了象征财富和身份，很多时候，它还承载了一个家庭对生活的梦想。简洁、明快是空间设计的核心，不管是空间格局的划分，还是色彩的搭配，都无需复杂，人们想要的不是烦琐的空间，而是精致的生活。

在这个空间里，最能体现业主品位和格调的是家具，这是一个不可忽略的亮点。家具是生活情境最重要的展示者，设计师以家具、配饰为媒介，为业主展示了一个高品质的居家空间，以家具、配饰与空间的完美融合为手段，尽显优雅、舒适的生活氛围。木质家具以精美的造型结合布艺出现，弱化了建筑冰冷的感觉，柔化了坚硬的线条，而从自然质地和温润质感中流露出的历史感和时代感又带给人无尽的温暖，这种新、旧混合的冲突提升了空间的美感。

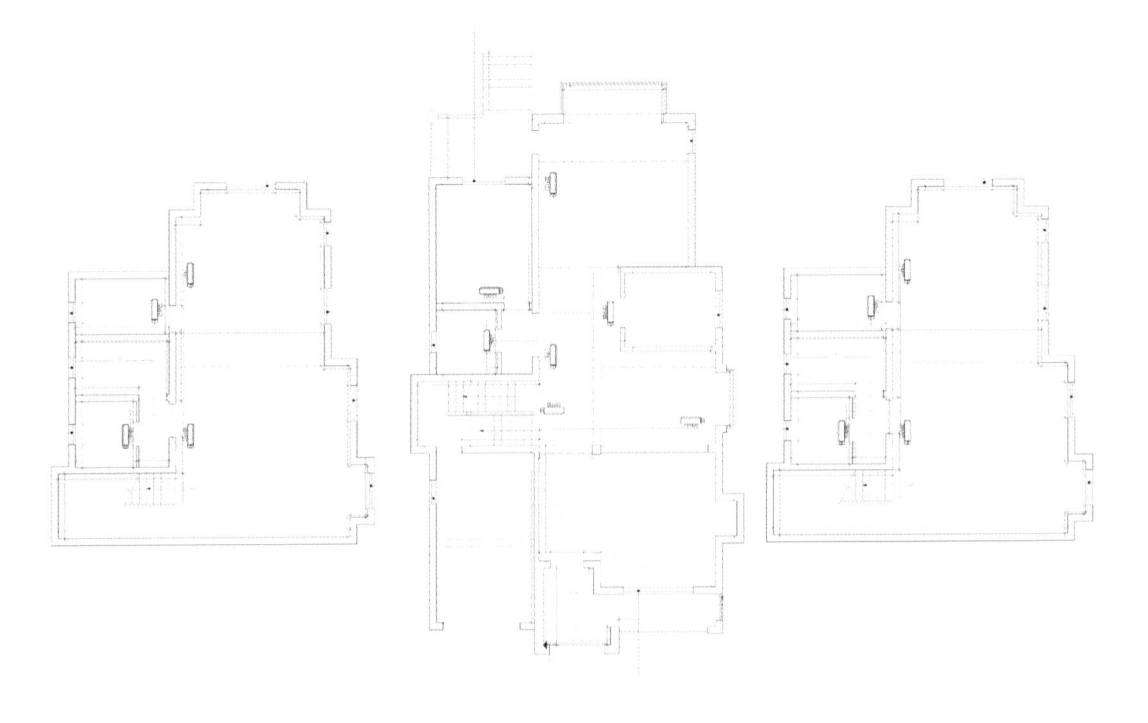

项目面积 /350 平方米　项目地点 / 湖南长沙　主要材料 / 白漆欧松板、仿古砖、铜灯、环保集成材料、复古手工实木地板

碧桂园杨宅

本案别墅是业主在事业上打拼多年之后的聚福之地。家的欢聚、愉悦与温暖是业主所期待的，一家人其乐融融地生活是他在事业成功之后引以为傲的事情。家永远是他最爱的地方，对于他来讲，家也是私人的宝藏。走进客厅，能够想到的词语就是“典雅、和谐、大气”，大到沙发、餐桌、灯具、陈列柜，小到挂画、饰品，无一不体现出舒适、和谐的氛围。

本案的功能定位简明而清晰。客厅的壁纸和石膏吊顶不是随意处理的结果，而是为了给典雅、大气的家具留出视觉空间。精致的沙发与壁炉相呼应，使功能性和美观性得到了完美的统一。餐厅作为单独的空间而设定，线条优雅的铜灯给予空间更多的灵气。

整个家居中的配饰也成为和谐的小点缀，使空间变得丰富、生动起来。

一帆风顺

项目面积 /225 平方米　项目地点 / 浙江宁波　主要材料 / 石材、陶瓷锦砖、木饰面、壁纸、银镜

国骅柏园样板房

来自纽约曼哈顿的摩登都会风格，建立在拉夫·劳伦家居品牌气质上的绅士风范，这里处处都体现出一种自由舒适的氛围。而这所有的一切都架构在一种不会被时间所淘汰的价值观上，这样的设计让空间的品质得到了保障，也带给业主安稳、踏实的感觉。

沉稳的中性色彩，华贵、庄重的图案和纹理，让空间流露出浓烈的阳刚之气。石材、木饰面同样是沉稳、温润的质感，以明快、自然的线条勾勒出空间的框架，软装陈设方面去繁就简，让空间更显清爽。张弛有度的设计将干净、自然、内敛的高品质生活状态表达得淋漓尽致。

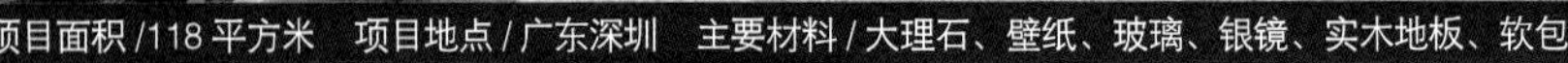
项目面积 /118 平方米　项目地点 / 广东深圳　主要材料 / 大理石、壁纸、玻璃、银镜、实木地板、软包

蝴蝶堡美式风格样板房

本套户型选用美式风格装饰，将现代的、古典的、欧式的诸多元素融合在一起，完美地呈现出美式风格的多元化特征。

空间的格局和功能分区清晰简明，同时注重装饰细节，融合了现代简约气质的符号和经典的欧式元素，为业主打造了一个既具有古典情怀又简洁大方的居住空间。整体空间的色彩以中性偏冷的色调为主，铁灰色、银色、白色配合不锈钢、黑镜、玻璃等反光材料，让空间更添几分清冷与时尚。

作为会客区，客厅简洁明快而又大方庄重，与餐厅相互呼应又各自独立，相比其他空间则显得更明快光鲜，大量的石材、烤漆玻璃的运用更增添了几分神秘和典雅。

卧室则相对温馨、优雅，以功能性和舒适性为考虑重点，软包床头墙与紫色的床具相得益彰，搭配着舒适的床品和布艺装饰，温馨而浪漫。

项目面积 /148 平方米　项目地点 / 上海　主要材料 / 壁纸、实木、地毯、布艺、大理石、瓷砖

嘉宝英式风格别墅

本案设计定义为英式风格。设计师充分利用建筑本身的优势，融合英式装饰元素和材质，加上对色彩的灵活运用，打造了一个充满英伦风情的浪漫家园。

客厅作为家中会客接待的主要场所，也是一家人共享天伦的聚集之地，因此是最能展现空间特色和气质的区域。本案的客厅利用层高的优势，结合实木材质营造出高耸、深邃的气势，再加上蓝白条纹的接缝，更拓展了空间的层高，蓝色、黄色的窗帘从高大的顶窗垂落，映衬着墙面欧式风格的挂画、家具和华丽的水晶吊灯，有着浓郁的英伦贵族气质，又营造出温馨的氛围。

整个空间充满动态的韵律感和雅致的气质。蓝色、灰色、红色、黄色及木色，都是英式风格的常用色彩，独特而鲜明，其配合家具、布艺、陶瓷、挂画和金属器皿出现，展现出独特的家居风格。

项目面积 /300 平方米　项目地点 / 福建福州　主要材料 / 瓷砖、实木地板

云亩天朗高尔夫别墅

设计师与业主进行了深入、细致的交流，以期尽力满足业主的内心需求。设计旨在营造休闲、愉悦的慢生活方式，以及轻松、质朴的居住氛围。室内设计的装饰风格不宜脱离建筑的外观形态，作为室内设计师，应尊重建筑本身的语言，力争达到内外感官的统一与协调。因此，设计师大胆地以传统的美式室内风格来融合建筑外观的西班牙风格，让空间的体块、线条和色调完美地结合。居室内的软装、艺术品都经过细致的挑选，以展示美式风格的独特内涵和个性，并体现“繁华之后的质朴，超越之后的沉淀”。

项目面积 /392 平方米　项目地点 / 上海　主要材料 / 实木、地毯、大理石、硬包、乳胶漆、壁纸

长甲上海豪全花园别墅

大空间有大气派，这是进入本套别墅室内空间之后发出的第一个感慨，也是贯穿空间设计的一条主线。在客厅里面，别具风格的电视墙利用块面的缝隙设置光源，营造出石窟般的感觉，加上挑高的设计，更是有一种深远宁静的意韵。位于墙角的钢琴，与构成室内框架的木饰面共谱和谐的旋律，将奢华与朴实完美地融合在一起。

值得一提的是室内用材的选择，原木材质打造的家具和勾勒出空间框架的木条，让整个空间沉浸在一种温润的优雅中，既带给人温润、朴实的亲近感，又显现出华丽、大气的空间感。一些别有趣味的艺术装饰也为空间增添了神秘、悠远的艺术气质，在增加空间表情的同时也为生活提供了多种可能性。

项目面积 /330 平方米　项目地点 / 北京　主要材料 / 实木、大理石、瓷砖、壁纸、地毯、布艺

湾流汇

设计师在与业主的沟通中，敏锐地捕捉到“简约”这个关键词。于是，设计师下定决心弃繁就简，摒弃一切烦琐和奢华，去掉零碎的空间、堆砌的颜色和摆设，以及设计繁复的家具，为业主打造一个温馨、轻松的家。这也是美式家居的主要特点，强调贵族气质、自由的感觉和情调。

美式简约风格不需要太多的花样和繁杂的色系，主张纯朴简洁，强调心神的回归。整体空间的布置强调温馨的家居感，以功能性和实用性为考虑的重点，无论在空间布局、色彩运用上，还是在材质选择上，处处尊崇简而不凡的简约手法。主体背景大面积运用白色，与深色系的茶几、沙发、电视墙相得益彰，赋予空间平衡之美。在细节处，多用温馨、柔软的成套布艺来装点，同时在软装和用色上达成统一。

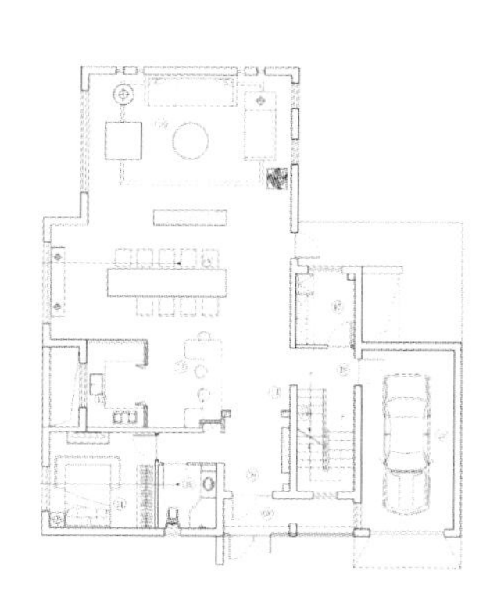

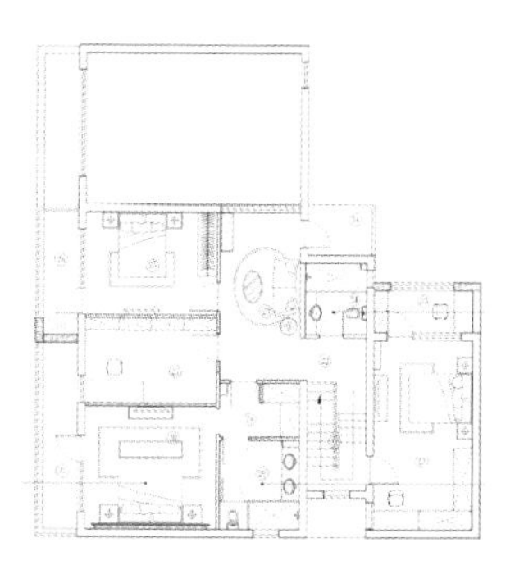

项目面积 /300 平方米　项目地点 / 广东深圳　主要材料 / 地砖、地板、涂料、壁纸

万科城别墅

本案业主喜欢自由、随性且带点情调的家居环境，希望自己的家能充分体现生活的本质。因此，本案除了整体设计满足居家基本功能外，更注重于居家生活品质与休闲享受这两种需求的强化处理。

硬装上，避免繁杂与雕琢，以浅黄色与白色为主调，主要功能区进行局部造型处理，并且多以圆润的拱门与圆形造型来表现，使空间显得柔和、流畅。材料主要以欧式仿古地砖为主，为调和氛围，局部铺设彩色拼花砖，沉稳中透着生趣。此外，注重家具、软装等的搭配效果，厚重、贵气的美式家具和深浅相间的布艺配饰，使整个空间饱含欧式的端庄、美式的贵气、田园风格的闲适，营造了一种温馨、迷人的家居氛围。

项目面积 /636 平方米　项目地点 / 浙江温州　主要材料 / 金世纪米黄大理石、凡尔赛金、酸枝木地板、进口壁布

鹿城广场

本案紧邻瓯江，建筑外立面采用淡蓝色的玻璃幕墙，极富现代感。室内设计默默传递着项目独有的文化气质，打造出一个低调奢华的居室空间。室内的空间布局、家具的摆放和科技的运用，均体现出深厚的文化内涵，也满足了业主的日常生活需求。

进入室内空间，圆形玄关的地面拼花与顶棚相呼应，清晰地划分出功能区域，并用协调、柔美的弧线打造和谐、统一、奢华的入户体验。客厅充分利用了6米高的双层挑高空间和超越传统豪宅的空间尺度，通过运用一些拱形元素营造出古典、奢华的氛围。大面积的玻璃幕墙让瓯江的风景一览无遗，室内外空间完美地融合在一起。

室内家具以美式风格为主，高贵中渗透着自然的典雅气质，显得高贵古朴、耐人寻味，还引进了先进的人居系统科技，以满足业主对生活空间的多方面需求。

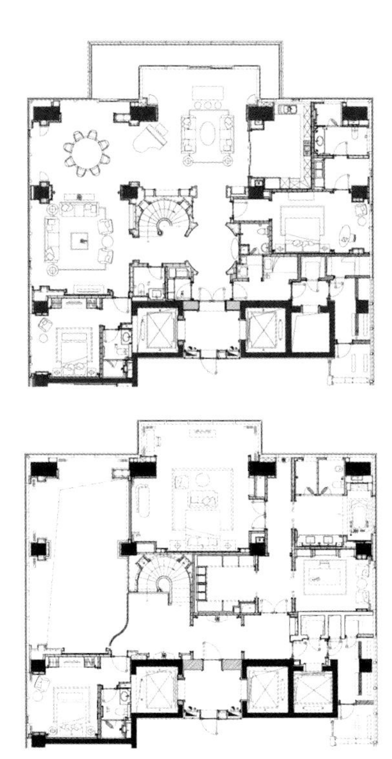

项目面积 /165 平方米　项目地点 / 台湾　主要材料 / 玻化砖、石材、实木地板、壁纸、卷帘

经典美式大蜕变

由于业主是全职的家庭主妇，平日几乎都待在家中，并不适应充满强烈华丽感的风格，于是设计师以五分的干净基底，精心搭配八分的配件、单品，轻轻地带出女主人期待的华丽感，最后两分的留白，使美式风格居室更加优雅。

设计师站在客观的角度审视空间后，为这间已有 20 年历史的跃层找到一条令人耳目一新的蜕变之路。玄关以大地色壁纸塑造空间的独立感，几近落地的穿衣镜彰显出空间的挑高优势。客厅里，调整电视墙的位置，使原本的沙发空间足以摆放大尺寸的家具，空间更见宽敞和舒适。而电视墙厚实的壁炉造型加上后方镂空铁件扶手上的完美构图，重现了跃层的大气与宏伟。4.2 米的挑高使经典的饰面板可以充分发挥其优势，而水晶灯在顶棚和精致的齿状线条的映衬下，让空间更显华丽。

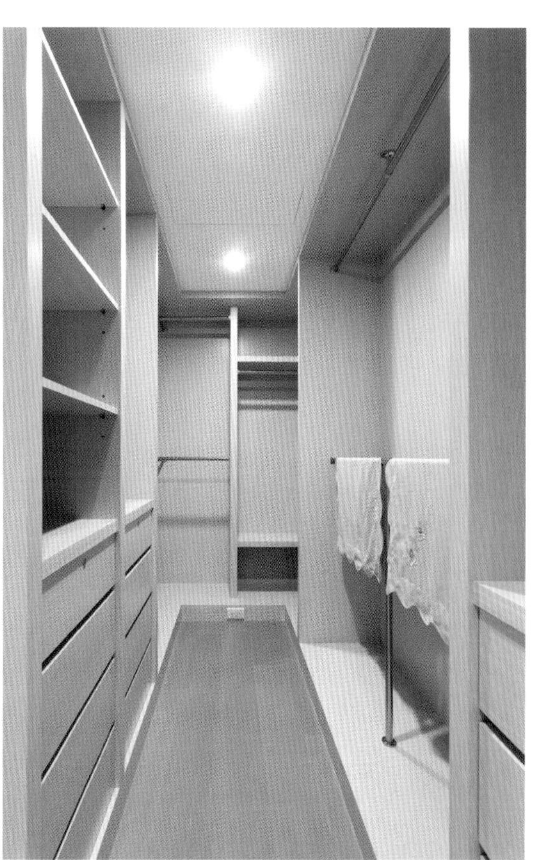

项目面积 /500 平方米　项目地点 / 湖南浏阳　主要材料 / 水曲柳、进口壁纸、进口仿古砖、杉木擦色

浏阳国际新城黄宅

对于从事国际贸易的业主来说，每年都有大量时间游走在世界各地。业主钟情于美式风格，因此本案便以为美式风格来设计。

设计师充分考虑了业主的生活习惯，设计时注重室内与室外的关系、室内格局与日常生活的关系、家具与装饰的关系等。基于美式乡村风格的设计定位，所有的饰面都采用水曲柳和杉木擦色做成怀旧的感觉，整体的色调为深板栗色，家具也选择了同样的色系，沉稳低调，同时透出尊贵的气质。

为了保证客厅的整体和大气，设计师在结构上做了一些调整：将原来的餐厅并入现在的客厅；原有中、西两个厨房，现在的餐厅并入西式厨房中；原建筑当中有一根结构圆柱，为了达到和谐与平衡，在客厅中增加了一根圆柱，使客厅更显大气，且不会影响使用。

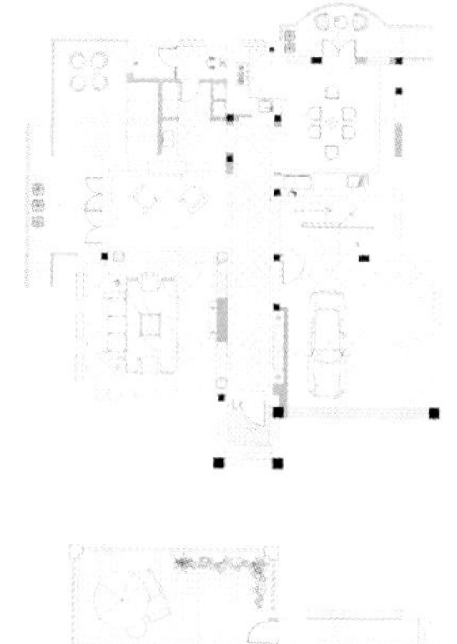

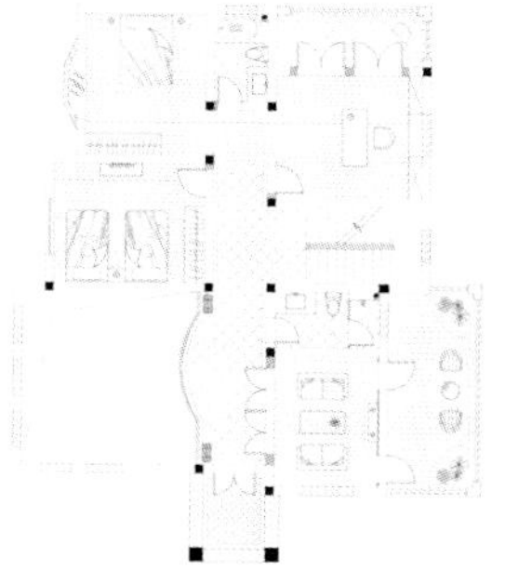

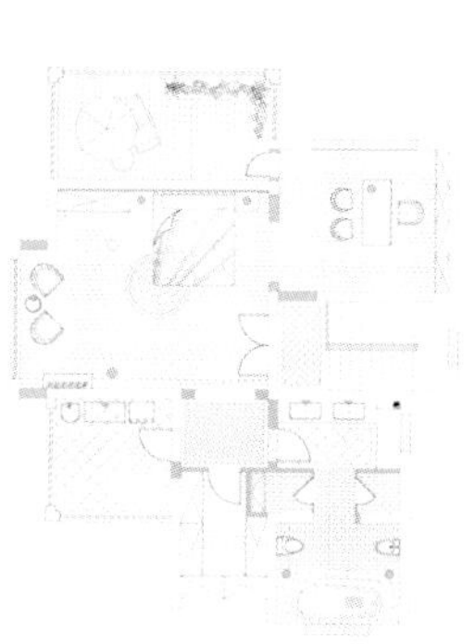

项目面积 /250 平方米　项目地址 / 重庆　主要材料 / 仿古砖、实木地板、木饰面、地毯、布艺

重庆龙湖大学城 U2 底跃 A1 户型样板房

此户型为底跃复式样板间，结构紧凑，采光良好，地下一层室外有优美的花园景观。阳光照射到花园，再透过窗户投入整个房间，并随时间缓缓移动。整个空间显得奢华，却没有堆砌细节。慵懒的午后，阳光透过纱窗，拉出长长的影子，落在具有碎花、条纹、苏格兰格纹等图案的各种床品、窗帘、沙发套上。大花与小花、深色与浅色，活泼而又生动。业主喝着热咖啡，沉浸在书海之中，是如此的惬意与优雅！

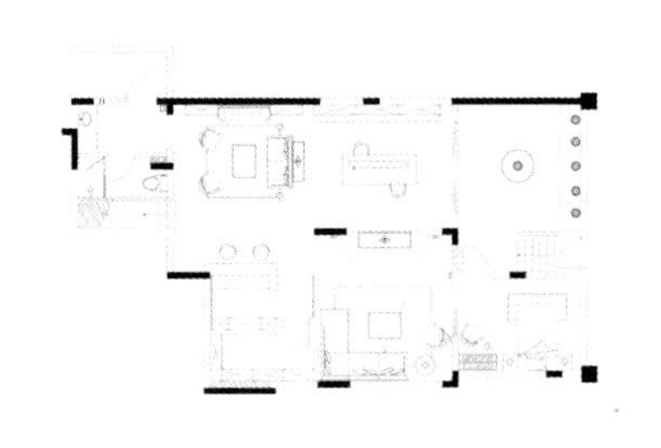
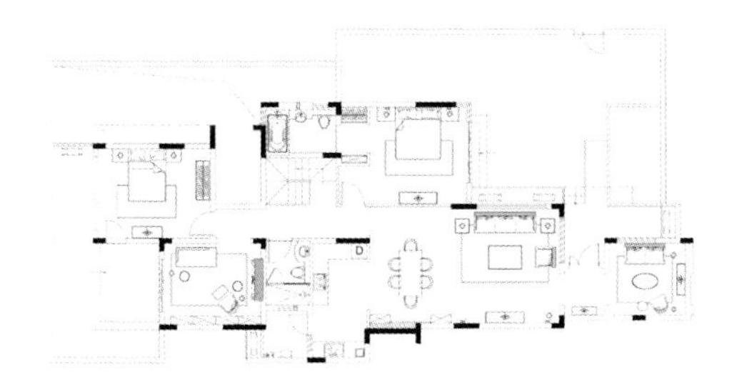

项目面积 /120 平方米　项目地点 / 台湾　主要材料 / 灰姑娘大理石、印度黑大理石、超耐磨地板、桧木木皮、美国橡木、松木、胡桃木皮、明镜、水纹玻璃、特殊漆、金属漆、白色烤漆、波龙毯

美式都会风格家居

这是一个色彩丰富又富有个性的美式家居，强烈的色彩带出空间的美感。设计师完美地切割空间的比例，让空间更加符合业主的生活习惯，以达到最佳的效果。

设计师对空间做了重新分配。由于业主重视隐私，因此在入口处设置了外玄关及鞋柜，并在过道的尽头设计了一个储藏室。第二个空间是内玄关，用五角形的切割方式划分出厨房、外玄关及客厅的过渡空间，内玄关设计了矮柜及滑轨，对面安置了整面的落地镜，以方便业主出门前整理仪容。

客厅的一侧是大片的落地窗，另一侧是壁炉，设计师将客厅和餐厅间的隔间移除，充分利用落地窗，让整个空间显得更开阔、宏伟。

主卧采取简约式设计，电视墙两侧以对称的门片隐藏卫浴间和更衣室，既超越了一般的设计模式，又保证了空间的完整性。

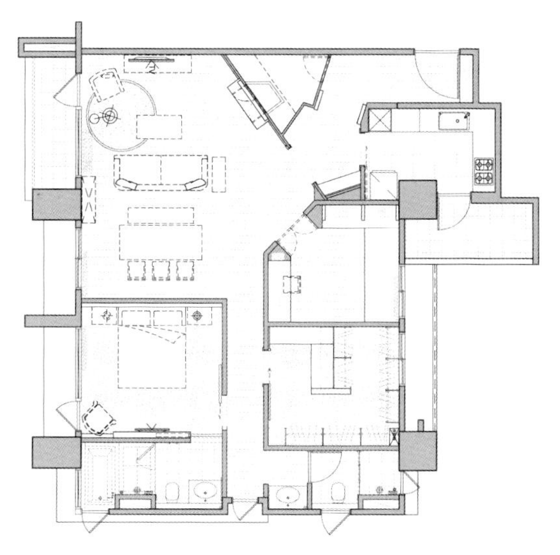

项目面积 /264 平方米　项目地点 / 台湾　主要材料 / 石材、进口雾面瓷砖、喷漆、实木、定制立柱、西班牙复古砖、陶瓷锦砖

内湖美式乡村古典宅

设计师让整个空间围绕着贯穿跃层的典雅阶梯发展，并充分利用阶梯空间，减少不必要的空间浪费。其次，美式风格所强调的空间独立性亦有清晰的表现，但与传统美式风格又有所不同。设计师让每个区域独立的同时又相互联系，不硬性封闭空间，让喜爱美国文化的业主感觉更加舒适。

将楼梯作为全案的主轴线，往两侧延伸出接待区与餐厨区，以地道的美式概念，挑空斜顶空间，以柔和的藤色衔接白色作为待客区的主调，让待客区作为与亲朋好友聚会、聊天的公共空间。设计师保留了原本倾斜的顶棚造型，不刻意对称，使其以自然原始的面貌呈现。软装均展现着古典风格的细腻与温馨，不张扬的配置手法反映出不受时间影响的美学内涵。

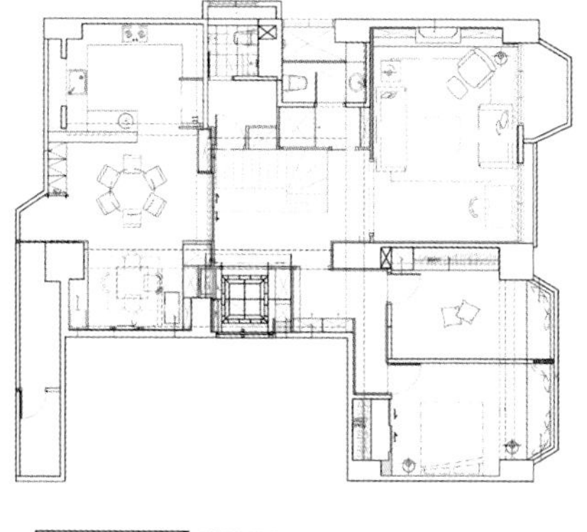
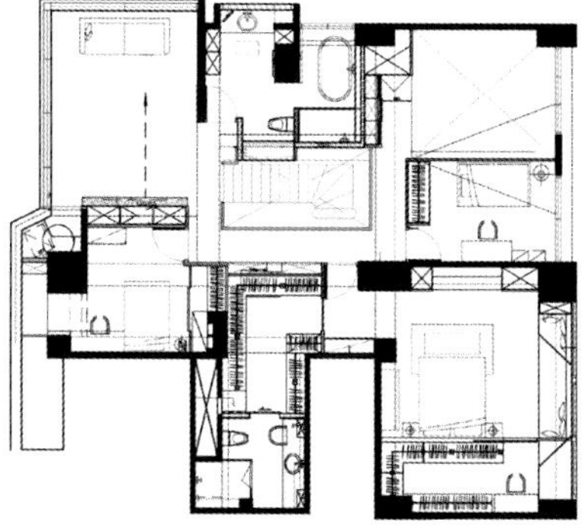

Nathan

Nathan

项目面积 /178 平方米　项目地点 / 浙江宁波　主要材料 / 进口壁纸、美生雅素丽砖

外滩花园

忙碌的都市人每天面对着繁重的工作，去海边度假已经成为一个非常遥远的梦。因此，本案以英式风格为主导，插入海洋元素，让家中充满大海的气息，让海鸟、贝壳、海星散布在房间的每个角落，使业主在家中就能感受海边度假的美好。

蓝色给人的整体感觉是清凉、雅致，身处蓝色的居室里，仿佛有海风拂面。在空间的设计中，英式风格的家具搭配着充满海洋气息的饰品，在格子布艺、印花壁纸和盈粉色彩的渲染下，成就了一个甜美的梦境。

整个住宅空间布置得像海边悠闲的度假小屋，每天回家就像度假，白天工作的疲劳一扫而光，带给人充满活力而又无限冰爽的感觉。

夏日的夜晚，坐在银色月光下的海边，听着阵阵海浪声，喝着醉人的美酒，一切是那样迷人和美好。

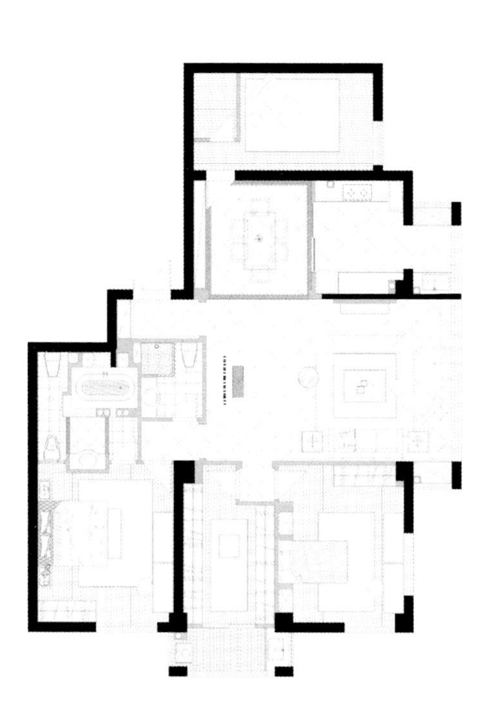

项目面积 /150 平方米　项目地点 / 黑龙江大庆　主要材料 / 石材、乳胶漆、地板、壁纸

大庆创业城

本案样板间在材料的选择上多倾向于较硬朗的木质材料与大理石，再搭配原木色与白漆混搭的家具，使整个空间不再单调。色调以蓝色为主，简洁明快。美式风格常用有历史感的东西来表现，这不仅反映在仿古艺术品等软装摆件的使用上，同时也反映在装修上对各种仿古地砖、石材的偏爱和对各种仿旧工艺的追求。

总体而言，客厅是宽敞而富有历史感的。卧室选材上也多用舒适、柔性、温馨的材质组合，有效地建立一种充满温情的家庭氛围。实木柜子无论是复古的雕花，还是现代的简约形式，都实用而富有韵味。儿童房设计成一个女孩房，纯白色家具搭配粉红色布艺，象征着女孩纯洁和粉红的公主梦。

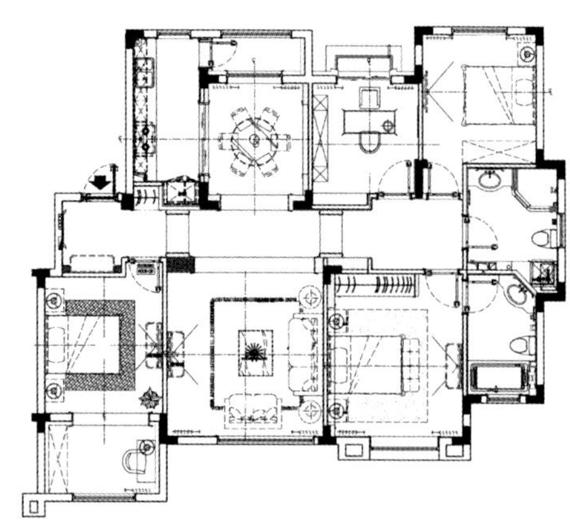

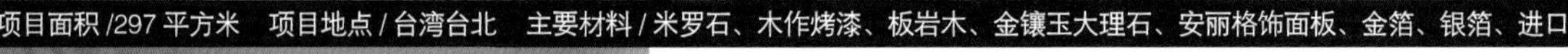
项目面积 /297 平方米　项目地点 / 台湾台北　主要材料 / 米罗石、木作烤漆、板岩木、金镶玉大理石、安丽格饰面板、金箔、银箔、进口壁

丰邑建设科博馆 C 户 -18F 样板房

本案以英式新古典风格为主，将磅礴的气势融入定制的古典家具、家饰、灯饰当中，为空间注入无与伦比的高雅格调。为了彰显豪宅的优雅与大气，整体空间以“豪宅”的概念作为设计的主轴，展现出空间完美的气度与完整性。

二进式的玄关设计，明确内、外区域的界限。客厅以定制的沙发组合将尊贵的气势表露无遗，主墙面以金镶玉大理石为背景，其天然的纹理和层次与顶棚部分的设计相互呼应，营造出不凡而优雅的氛围。餐厅成为客厅延伸的视觉表现，定制的水晶灯饰有效地为开放空间建立了专属的视觉焦点。书房以格柜的通透设计展示空间、界定区域，并利用长达 11 米的面宽，营造出轩昂大气的空间，同时利用定制的家具及软装，打造出了独一无二的专属空间。

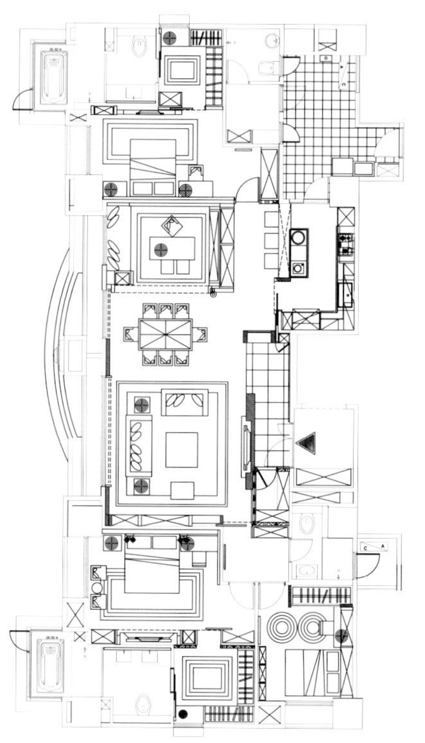

项目面积 /280 平方米　项目地点 / 湖北武汉　主要材料 / 仿古砖、实木地板、壁纸、石材

外滩棕榈泉

美式风格表现的是自在、随意的生活方式，没有太多造作的修饰与约束，不经意中成就了另外一种休闲式的浪漫。美国的文化有着欧罗巴的奢华与贵气，又有着美洲大陆的不羁，这样的结合消除了许多羁绊，但又保持了文化根基，不失自在与随意。

本案抓住了美式风格的这些特色，尽力为业主打造一个轻松又富有文化内涵的品位家居。怀旧的地砖和木地板铺就了一条清幽而饱含自然气息的道路，为公共空间和私人卧室营造出不同的氛围和情调。同时通过美式家具的装点，以其简洁、优美的线条和细致、沉稳的造型，使怀旧的气息与浪漫的情调弥漫在空间的每一个角落，让人感受到经过漫长岁月沉淀下来的文化与内涵，体现出业主对家的憧憬和渴望。

项目面积 /160 平方米　项目地点 / 江苏南京　主要材料 / 进口仿古砖、进口壁纸、陶瓷锦砖、石材

金榕苑

落座有靠枕，信手翻杂志，午后咖啡香，这便是"家"。这个家能够让人感受到高贵与典雅、随性与自由，以及悠闲的生活格调。这里不是工作室，不是会所，也不是宾馆，只是纯粹的、等着你回来共享天伦之乐的"家"。

本案以休闲的美式风格为主，以时尚摩卡色为主色调，通过美式假梁、仿古地砖、圆拱造型，以及古典家具，表达出业主对悠闲、自在、富有情调的生活方式的追求。设计师选取舒适、柔性、温馨的材质组合，有效地建立一种充满温情的家庭氛围。开敞式的厨房选用仿古墙砖和白色仿木纹橱柜，错层抬高的餐厅大面积铺贴作旧感极强的仿古砖，顶棚用木饰线条略作修饰，还有造型各异的各式拱门，均表现出独特的风情，将美式自由的浪漫情怀表露无遗。

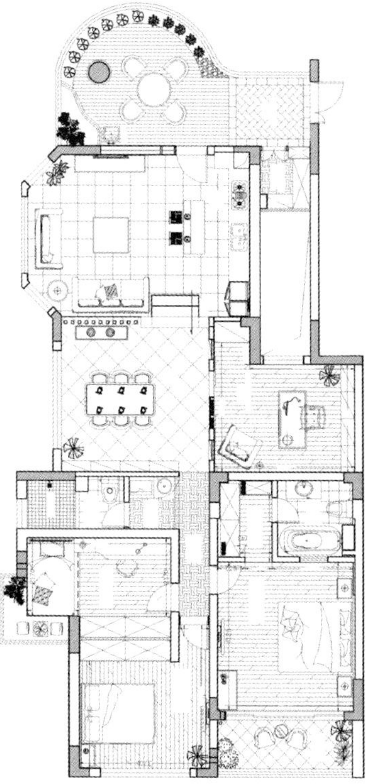

项目面积 /125.4 平方米　项目地点 / 台湾　主要材料 / 实木、大理石、线板、镜面

不方正格局 变身纯净美式空间

本案空间原始格局中有一个凸状电梯间，以至于行进时必须绕过电梯，在空间使用上相当不合理。此外，本案位于高层，原本规划的单面采光并未发挥出地理位置的最大优势。因此，设计师通过调整，创造出双面采光的敞亮空间。

整体空间色彩以白色为主，并在其中点缀一些中性色。考虑到儿童的活动便捷，在动线规划上餐厅、书房到游戏间均采用连通式手法。对于原本成为障碍的电梯间，设计师沿着结构柱做出三面容量超大的造型收纳柜，尽管受限于柱体本身的结构，但在外观设计上仍维持优雅的比例。最末端的转折处，设计师利用这一小尺度空间，将其改造为厨房储物柜，进而创造出热炒区，将空间优化利用，完美实现生活的舒适性。

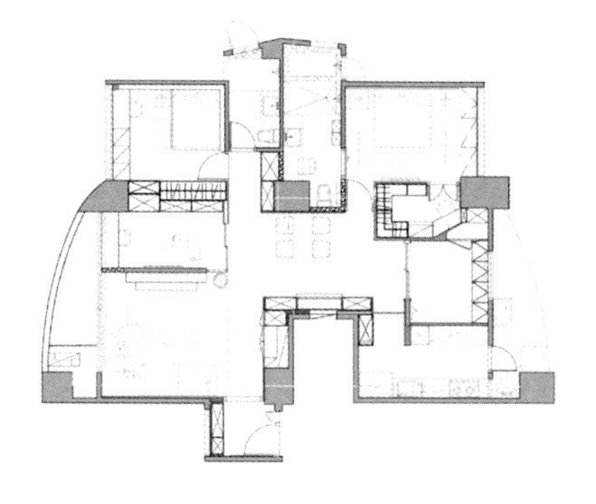

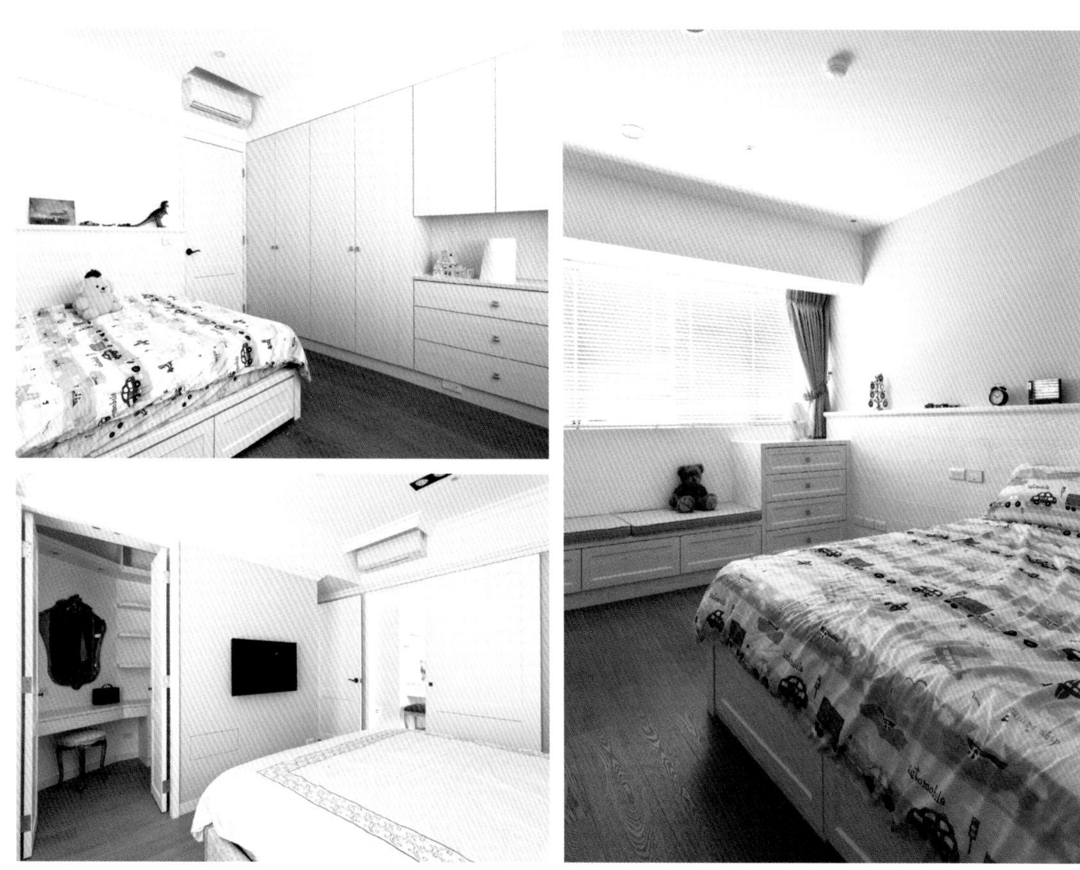

项目面积 /1000 平方米　项目地点 / 上海　主要材料 / 樱桃木、特殊漆、沙安娜大理石、壁纸

西郊庄园

西郊庄园是以欧美经典城堡为母本，以岛屿与海洋的相互关系为生态主题而设计的。其传承欧美经典城堡的庄园文化，融合欧洲新古典主义和文艺复兴时期的建筑特色，细腻、隽永，充满艺术感。内部功能完备，区划分明，主、辅动线清晰，生活空间舒适、明快，是为都市人打造的都市中的世外桃源。本案以美式风格为主导，融合多元化符号和要素，呈现出一个现代都市庄园。空间线条充分体现出层次感；墙面以留白的形式给家具、陈设留出视觉空间；家具不单纯以美式风格呈现，舒适、自由的设计原则成就了多元文化的统一；细节处如门框、厅柱、楼梯，均体现出精致而奢华的格调；布艺、灯饰、挂画、插花等充分发挥画龙点睛的效果，让空间充满灵性与趣味。

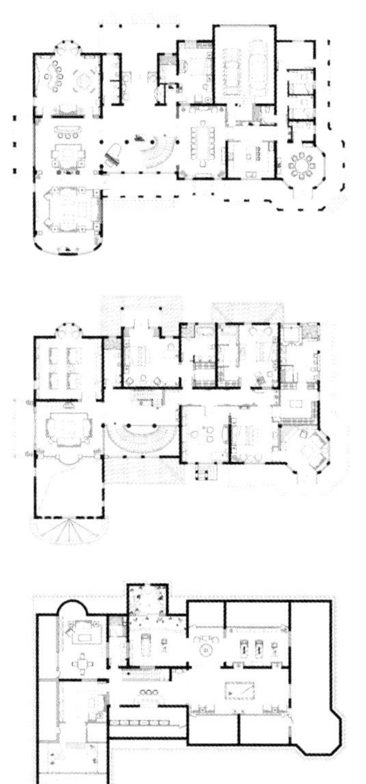

项目面积 /115 平方米　项目地点 / 四川成都　主要材料 / 壁纸、乳胶漆、瓷砖、木材

新传统

业主不喜欢仿古乡村风格，而喜欢传统美式的沉稳、大气，但不是一味保守地遵从沉重、老气的惯例，她想用一些时尚、干净、质地闪亮的古典元素来打造一个充满美式风格的家。

通过前期的交流，设计师对整个房子做了非常大的改动，入户阳台的墙往室内推进，增设了一个储物柜；拆掉厨房和客厅共用的墙体中间的部分，将其设计成高柜；生活阳台墙体往餐厅外移，使阳台使用起来更方便；阳台封起来，将地面改造为地台，平时作为喝茶、聊天的场地，亲朋好友来时则可以作卧室用；拆除盥洗间和过道的墙，分散人们对过道的注意力；把原有主卧的衣帽间改小，将门改到过道上，作为家里的储藏室。如此一来，空间清爽了，环境优雅了，生活舒坦了，心情也舒畅了。

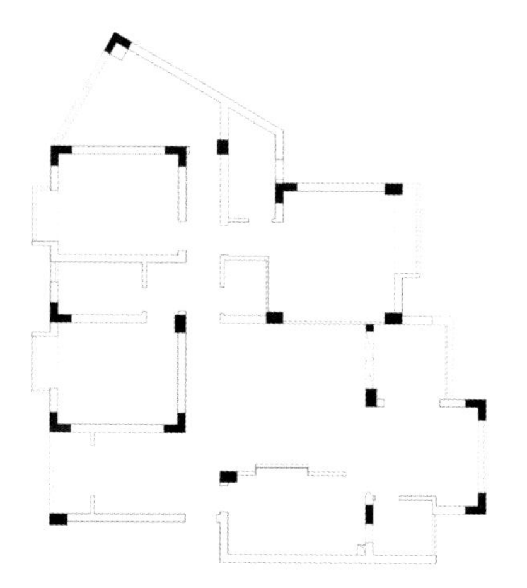

项目面积 /125.4 平方米　项目地点 / 台湾　主要材料 / 黑云石、樱桃红大理石、花梨木、实木雕刻、金箔

新古典之美

在城市的一角，打造一座居家城堡，让这里充满英式古典风情，并以精致的艺术低调地彰显出空间的品位和格调。

在花梨木的框定下，铝条与印花玻璃封存住了艺术。玄关区以美观与收纳兼有的黑色烤漆玻璃贴以金箔装点，呼应空间的主色调，迎合业主对黑云石的偏好。设计师以黑、金、红三色为基调，电视墙外围以喷砂处理过的镜面来打造，紫色曲线软化了两种材质的刚硬。

配合电视墙的深色调，设计师定制出仿英式风格的提花布沙发，与沙发墙上浓郁的挂画相调和，展现出人文气息。手绘、打板制成的顶棚，立体线条犹如皇冠一般；水晶灯光耀闪烁，摇曳着一室风华。开放式的和室架高形成大量的收纳空间，也成为业主悠闲休憩、阅读的多功能场所。

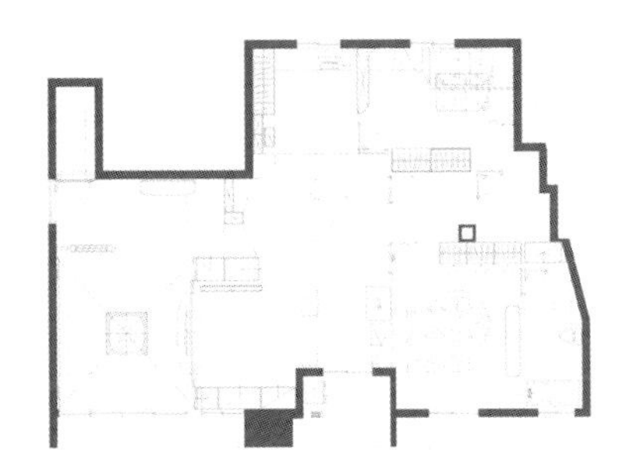

项目面积 /221 平方米　项目地点 / 广东深圳　主要材料 /（米兰金、罗马灰、太空灰、辛尼花、大花白）大理石、木饰面油白、复合木地板

星河时代 A20 B303 样板房

没有复杂的图案，没有丰富的色彩，也没有奢华的表达，设计师通过低调的深浅对比来营造一种空间的感觉，给人无以言表的品质感与舒适感。在硬装方面，白色和米色、直线条和方格组合，令整个空间明朗而利落。为了不使空间过于硬朗和单调，在陈设的配置上加入了一些跳跃的色彩及精致的小饰品，让整体空间既不会无味又没有烦琐的累赘。开放式的客厅与餐厅基本上连成了一体，没有实体的隔断，而是运用家具、植物和光线制造端景。现代美式的深色家具、简单而有质感的黑框挂画、黑色的吊灯……每一件饰品都有耐看而精致的线条，时不时从空间中跳跃而出的蓝色、绿色、红色等小色块，令家马上变得生动而清新起来。

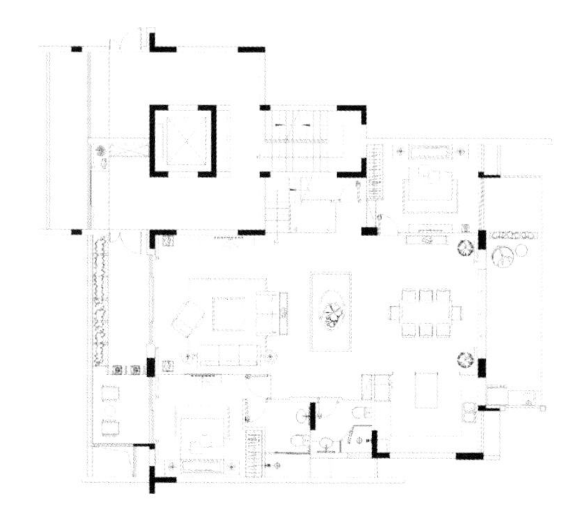

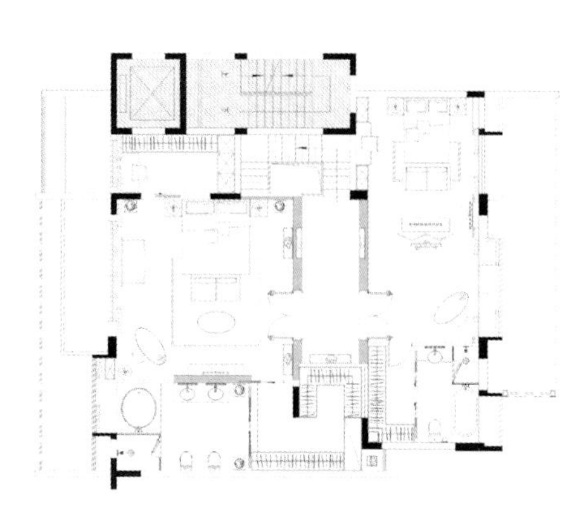

项目面积 /2500 平方米　项目地点 / 重庆　主要材料 / 大理石、进口仿古砖、实木地板、原木、质感漆、铁艺制品

慵懒的庄园生活

本项目风格定位为八分的美式风格和两分的托斯卡纳风格，设计主要围绕可传承、可持续、可变更和自然环保的理念展开。

别墅外观为托斯卡纳风格，大气、自然、宁静，整个项目分前庭、前花园、主体建筑、后花园、泳池几个部分。主体建筑分为 3 层，由工人区域、会客区域、中餐区域、西餐区域、运动区域、视听区域、起居区域、阅读区域、储藏区域组成。每个空间均宽敞、明亮，空间划分清晰、合理，既有美式风格的布局特点，又有国人生活的空间特性。

在整个案例中，设计师在房梁上使用了大量的原木，衬托出高高的屋顶，使其散发着自然、古老、沧桑又温馨的气息，这种气息以不同的形式贯穿于整套居室，将各个空间无形地串联起来。精妙的细节仿佛都隐藏着不为人知的故事，寄托着几代人的回忆。

项目面积 /300 平方米　项目地点 / 福建福州　主要材料 / 仿古砖、大理石、壁纸、软包

棕榈泉国际花园

设计师用美式设计手法，打造了一个简洁、明快的空间。宽敞、明亮的客厅里，挑高的层面以暗纹壁纸打造出气势恢弘的背景墙，配衬着红木做的茶几、仿古砖铺成的地面和砖红色的皮沙发，让整个空间充满着贵族的气息。墙面上挂着的骑士画，让人仿佛穿越到了骑士的时代，骑着骏马、穿着盔甲、带着佩剑驰骋在战场上。顶棚上的灯像一朵盛开的花，向人们展示着生命的力量。餐厅里别致的吊顶与红木的餐桌椅上下呼应，别有一番意味。

值得一提的是儿童房的设计，乳白色的家具，搭配着素雅的壁纸和碎花的窗纱、床品，将孩子的天真烂漫表现得淋漓尽致。

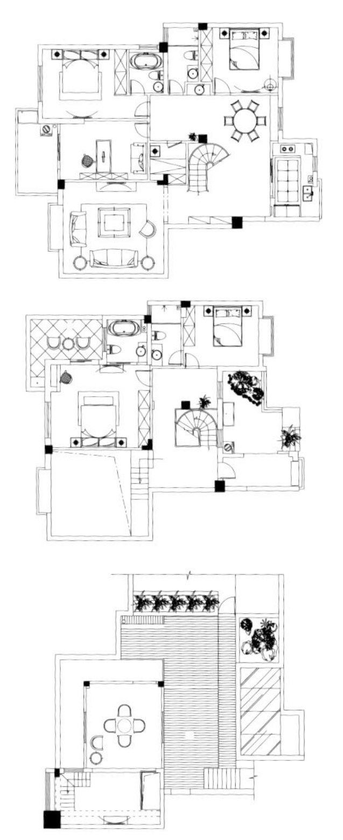

项目面积 /132.54 平方米　项目地点 / 广东汕头　主要材料 / 金属花地砖、德国进口壁纸

英伦世家

英伦风格既张扬又保守，既古典又时尚，既华丽又精致。追本溯源，一切是那么的矛盾，却又显得那么的协调和统一。“世家”是世界上最能体现皇家品位的地方，在岁月沉淀中的一颦一笑，自成淑女与绅士风范。

英伦世家，采撷英伦风情中的严谨与气度，展现出繁复的美，深色的木质工艺一丝不苟，打造出的精工如钢琴折射的光芒，体积夸张的贴金箔木雕仍保留着皇室的霸气和十足的阳刚之气……既是家具，又超越家具；不言奢华，却自成潮流；彰显品位，也丰富人生。

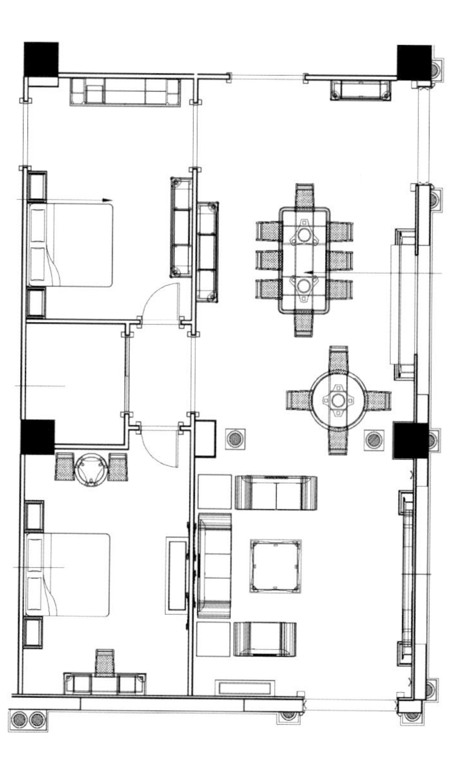